빛깔있는 책들 301-38

동강

글, 사진/진용선

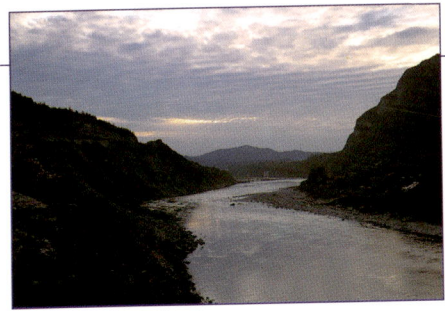

대원사

진용선 ————————

1963년 정선 신동읍 출신으로 인하대 독문
과와 동 대학원을 졸업했다. 1991년 정선아
리랑연구소와 정선아리랑학교를 세워 아리
랑연구와 교육에 힘쓰고 있으며, 강원도 문
화재전문위원으로 활동하고 있다. 『정선아
리랑 찾아가세』, 『한민족의 아리랑』 등 5권
의 아리랑 관련 저서와 중국, 러시아, 일본
등지에서 아리랑을 채록해 『해외동포 아리
랑』 CD를 내기도 했다.

동강

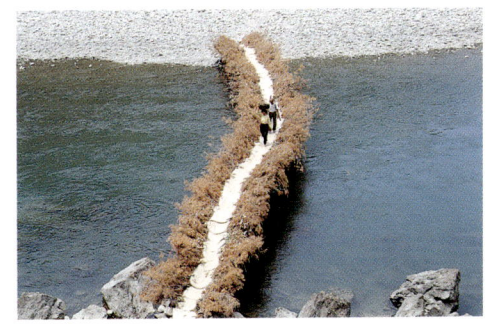

동강

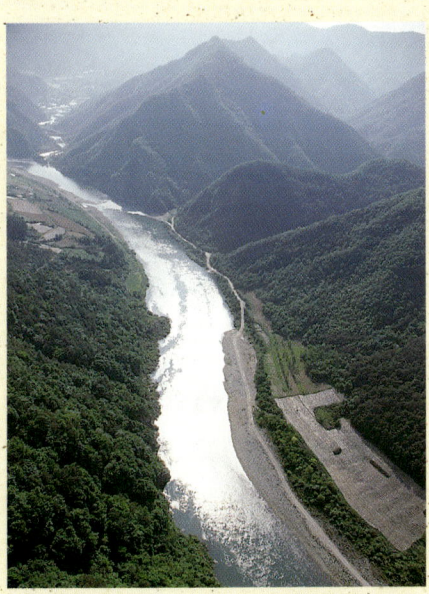

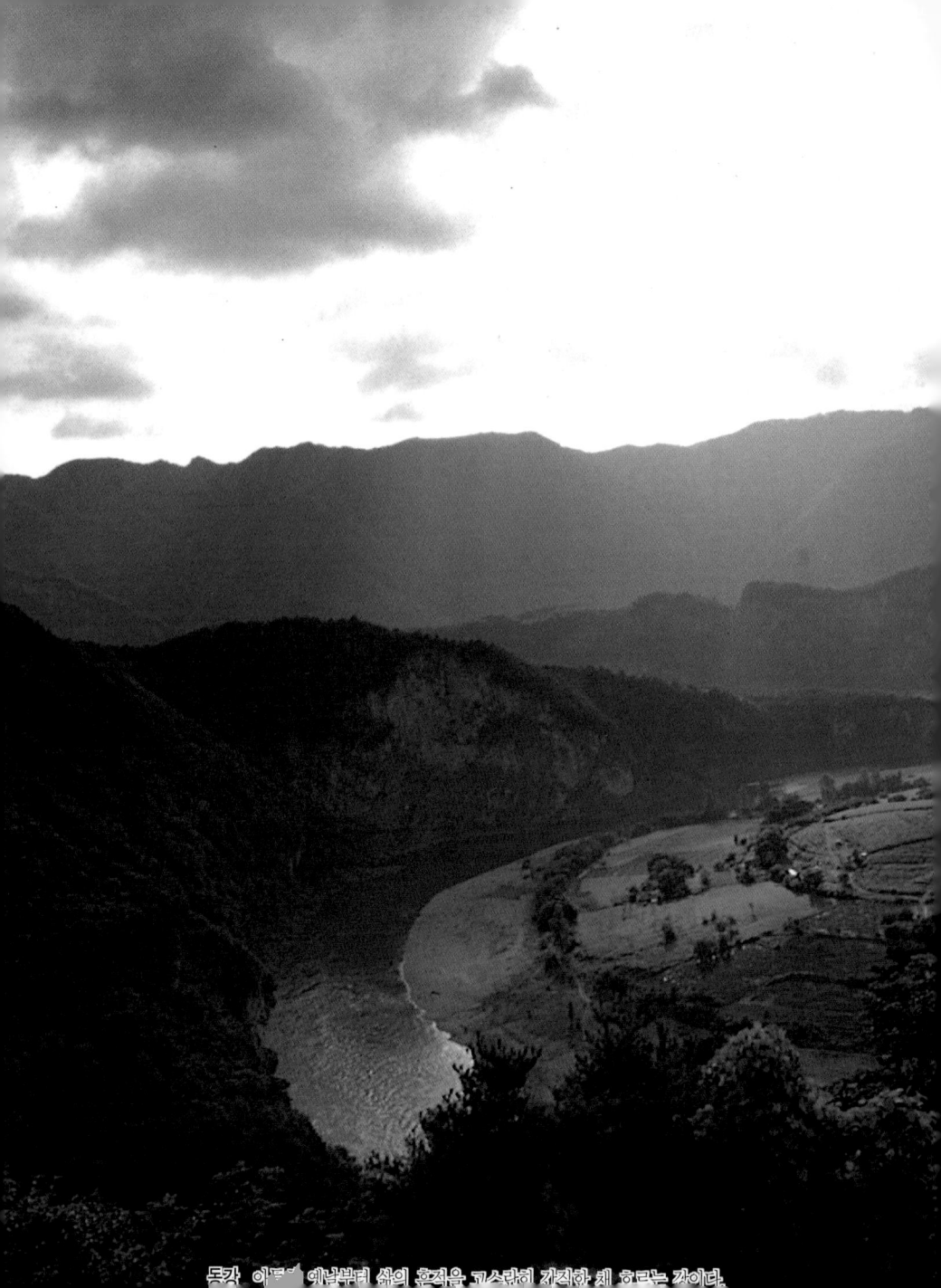
동강 아름다운 옛날부터 삶의 흔적을 고스란히 간직한 채 흐르는 것이다.

동강은 흐르는데…

　작지만 너무나도 아름다운 강, 동강(東江)이 세간의 관심을 끌게 된 것은 바로 이곳에 영월댐이 들어선다는 이야기가 나오기 시작하면서부터다.

　1993년 초 건설부는 남한강 유역에서 발생하는 홍수를 막을 수 있고 2000년 이후 발생하는 물 부족 현상을 해소하기 위해 1996년부터 동강 하류인 영월읍 거운리 만지(滿池)에 길이 325미터, 높이 98미터, 저수 용량 7억여 톤 규모의 다목적 댐 공사를 착공하여 2001년에 완공한다고 발표했다.

　1990년 수해 때 읍내가 수몰되고 하천이 범람하는 등 호된 물난리를 겪은 동강 하류 영월 주민들은 그때까지만 해도 영월댐 건설에 반대하지 않았다. 하지만 시간이 지나면서 영월댐의 안정성 문제가 여기저기서 제기되기 시작했다. 댐 건설 전면 백지화를 요구하는 반대 운동은 전국으로 확산되어 20세기 말 우리나라 최대의 환경 이슈가 되기도 했다. 이러는 사이 댐 수몰예정지 주민들은 재산권 행사를 하지 못하면서 파산 지경에 이르렀다. 강 주변 사람들은 댐 건설을 두고 찬반으로 나뉘져 갈등의 골이 깊어가는 등 지역 공동체마저 파괴되는 현상이 곳곳에서 나타났다.

아득한 옛날부터 강가에 모여 살던 사람들의 삶의 흔적을 고스란히 간직한 채 흐르고 있는 동강 유역 곳곳에는 신석기와 청동기, 철기시대의 선사유적들과 삼국시대의 성곽들이 남아 있다. 또한 수백 년째 전해 오는 섶다리놓기, 어로 방식 등의 다양한 생활 습속(習俗)과 떼꾼들이 부르던 정선아리랑 등의 민요가 곳곳에 남아 있어 민속학자들은 동강 유역을 민속학의 보고(寶庫)라고 부르는데 주저하지 않는다. 또한 식물학자는 식물학자들대로, 조류학자는 조류학자들대로 동강의 생태를 어떻게든 보호해서 후손에게 물려줘야 한다고 목소리를 높이고 있다.

그러나 이러한 기대와는 달리 주말과 휴일이면 수많은 사람들이 밀려들기 시작하면서부터 동강의 자정 능력은 포화 상태에 이르렀다. 수억 년 전부터 가파른 절벽으로 인해 사람들의 발길이 끊겨 버려 희귀 동식물들이 맘껏 서식하던 곳마저도 사람들의 등쌀에 짓밟혀 훼손되고 있다. 계곡을 에돌아 흐르는 강에도 정적이 깨진 지 오래다. 또한 그 흔하던 어름치와 쏘가리, 쉬리 등의 물고기와 원앙이나 비오리의 모습도 찾아보기가 힘들고, 뺑대의 둥지에서 부화를 한 어린 조류들은 둥지를 떠나지 못하고 걱정스런 눈으로 강물을 바라보고 있다.

동강에서 사람과 더불어 존재하는 생명 모두가 상생(相生)할 수 있는 방법은 없을까.

그런 의미에서 동강은 우리나라 생태계 보호의 모범이 될지도 모른다. 정약용의 『대동수경(大東水經)』에서 보듯 강을 단순히 치수(治水)나 이수(利水)의 대상으로 보는 기술주의적 인식을 뛰어넘어 생활과 문화이자 역사와 예술의 일부로 보았던 옛 사람들의 안목이 부럽다.

댐 건설과 보존이라는 갈림길에 선 1백여 리 구절장강(九折長江) 동강이 더 이상 인간의 이기(利己)나 속기(俗氣)의 희생물이 되지 않기를 간절히 바란다.

동강의 역사

선사시대의 동강

동강 유역에 사람들이 들어와 살기 시작한 것은 언제부터일까. 이러한 의문을 풀기 위해서는 아득한 옛날로 거슬러 올라가는 방법밖에 없다.

동강 곳곳에는 백두대간의 심산유곡에서 흐르기 시작한 물줄기가 굽이쳐 흐르면서 퇴적 지형을 형성해 놓았다. 강변으로 드리워진 넓은 충적지대인 모래언덕과 낮은 구릉지대는 선사시대부터 사람들이 거주하기에 더없이 좋은 장소였다.

지리적인 요건을 통해 보더라도 한반도 동북 지역에서 동해안을 따라 이동해 온 선사인들이 험준한 백두대간을 넘어와 내륙으로 향하면서 마주한 동강은 수량이 풍부하고 크고 작은 지류가 잘 발달되어 있어 유역에서 살기 좋은 자연 요건을 두루 갖추고 있는 곳이었다.

동강 유역에서 약 2백만 년 전인 구석기시대에 사람들이 살았는지에 대한 고고학적 연구 결과는 아직까지 없다. 다만 1970년대부터 1980년대에 이르기까지 동강의 줄기인 남한강 유역의 충북 단양군 애곡리 수

양개와 도담리 금굴, 상시리 등지의 한강 중류 지역에서 수많은 구석기 유물들이 발굴된 것을 보더라도 동강 유역 또한 구석기시대부터 사람들이 거주했을 것이라고 역사학자들은 조심스럽게 추정하고 있다. 특히 동강 유역인 영월, 평창 지역에서 구석기 유적이 이미 발굴된 점과 이곳에 흩어져 있는 수많은 동굴들로 보아 구석기 유적의 발견 가능성을 매우 높게 보고 있다.

약 7천 년 전부터 강 유역 곳곳에는 신석기인들이 삶의 터전을 이루고 살아왔으며, 이러한 흔적은 동강 중류 지역에서 발견된 빗살무늬토기와 민무늬토기, 석기 등을 통해서 알 수가 있다. 동강 유역의 신석기시대 유적은 정선군 신동읍 덕천리(德川里) 소골[所洞]을 비롯하여 고성리(古城里) 고방(古芳)마을, 운치리(雲峙里) 등 중상류 지역에 집중적으로 분포되어 있다.

덕천리 소골의 신석기 유적은 1987년부터 이루어진 국민대학교박물

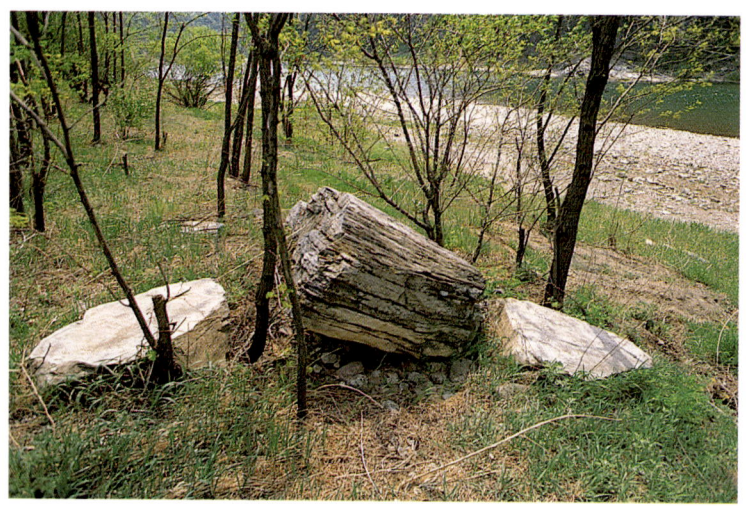

운치리 고인돌 덮개돌과 받침돌이 분리된 채 1기가 남아 있다.

관의 조사에서 처음 드러났다. 동강변의 넓은 충적지인 모래언덕에서 빗살무늬토기와 석기 등이 발견되었다. 고성리 고방마을의 신석기 유적은 고성분교 앞 고방정 서쪽으로 깎아지른 듯한 암벽 아래에 있다. 이곳에는 마치 작은 동굴과 같이 입구가 파인 바위그늘 유적이 있는데, 신석기시대 사람들이 집터로 삼아 살던 곳으로 여겨지며 빗살무늬토기 조각과 숫돌, 조개껍질, 뼈조각 등이 발견되었다. 운치리의 신석기 유적은 바위그늘 유적에서 북쪽으로 1.5킬로미터 떨어진 납운돌(納雲乭) 갈벌에 위치하고 있으며, 빗살무늬토기 조각과 민무늬토기 등이 발견되었다.

고인돌로 대표되는 청동기시대 유적으로는 동강 상류인 조양강(朝陽江) 유역의 정선읍 귤암리 귤하마을에 3기가, 중류로 내려오면서 운치리 중바닥여울 옆 모래 퇴적지에 덮개돌과 받침돌이 분리된 채 1기가 발견되었다. 운치리 하류의 덕천리 또한 신석기시대 이래로 선사인들

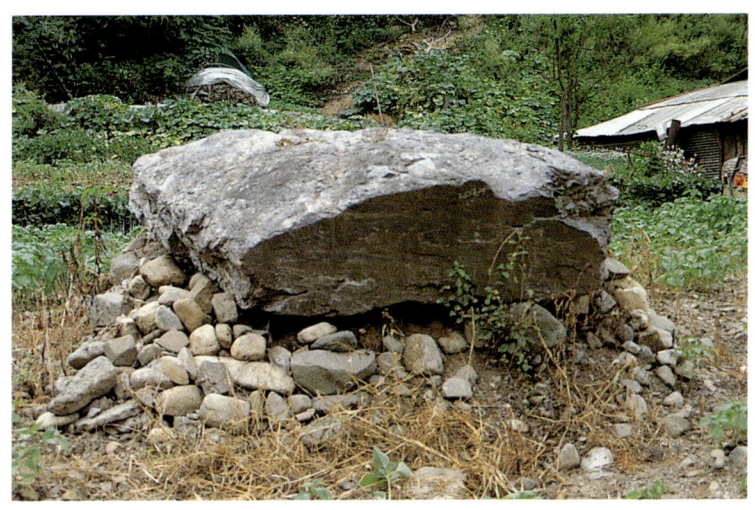

고성리 고인돌 동강 유역의 고인돌 가운데 가장 규모가 크고 온전하게 남아 있다.

이 대단위 집단 취락지를 이루며 살던 곳으로 소골마을 밤나무 아래에 1기의 고인돌이, 그 옆 밭머리에 3기의 훼손된 고인돌이 있다. 이곳에서는 청동기시대의 유물인 민무늬토기 조각, 붉은간토기 조각, 숫돌, 돌찌귀, 흙그물추 등이 출토된 바 있다. 또한 소골마을 남쪽 강 건너 제장(堤場)마을의 밭 한가운데에도 1기의 고인돌이, 고성리 고성분교 뒤에도 3기의 고인돌이 있어 이 일대가 청동기인들의 생활 무대였다는 사실을 증명해 주고 있다.

그리고 동강 하류인 영월읍 삼옥(三玉) 2리 성황당 뒤쪽에 흙에 묻힌 1기의 고인돌이 남아 있는데, 아마도 거듭되는 홍수로 인해 고인돌과 같은 유적들이 많이 훼손된 것으로 보인다.

철기시대 유적은 대부분 신석기와 청동기시대의 유적지와 일치한다. 동강이 시작되는 정선읍 가수리(佳水里) 수미마을 건너편에 있는 북대(北垈)마을과 가수리 남서쪽의 운치리 수동(水洞)마을, 그리고 덕천리 소골과 제장마을은 모두 충적 평야(沖積平野, 흐르는 물에 흙·모래· 자갈 따위가 실려 내려와 쌓여서 이루어진 평야) 지대로 이곳에서 타날무늬토기와 민무늬토기 조각 등 많은 철기시대 유물이 채집되었다. 이 밖에도 덕천리 바새(所沙)마을의 퇴적지와 제장마을에는 돌무지무덤(積石塚)으로 보이는 흔적이 남아 있다.

신석기, 청동기, 철기시대 등 수천 년에 걸친 선사시대 사람들의 삶의 모습은 동강의 물굽이에 의해 형성된 모래언덕과 구릉에 고스란히 남아 퇴적층을 이루고 있다.

삼국시대의 동강

청동기시대를 지나면서 사회 구조 또한 점차 집단화되어 이웃 지역

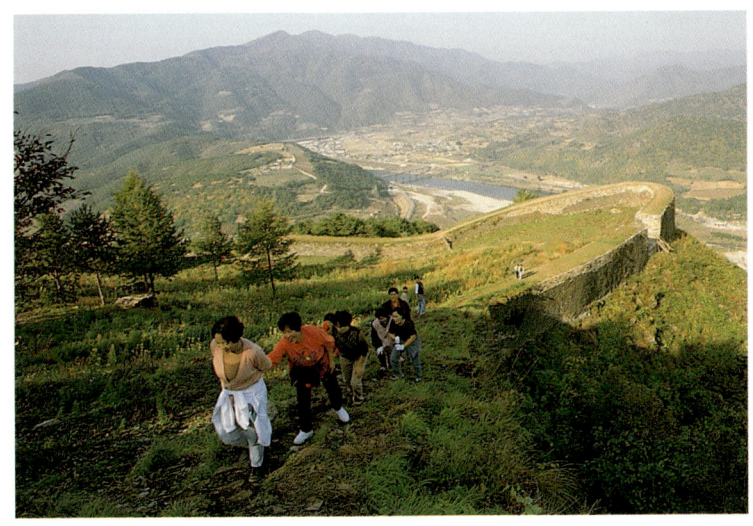

온달산성 고구려는 한강 유역을 확보하기 위해 충북 단양군 영춘에 온달산성을 쌓았다.

을 점령하고자 하는 욕망이 나타났다. 초기 국가 형태라고 할 수 있는 성읍 국가(城邑國家)가 만들어지면서 무력을 갖춘 지배 세력이 등장해 성을 거점으로 주민들을 다스리기 시작했다. 그뒤 삼국시대에는 삼국이 서로 영토 확장을 하는 가운데 국경 분쟁이 끊이지 않았다.

『삼국사기(三國史記)』를 보면 삼국 가운데 한강 유역에 제일 먼저 도읍을 정한 국가는 백제다. 백제는 기원전 18년 온조왕(溫祚王)을 시조로 하여 한강 북쪽의 하남 위례성에 도읍을 정하고 세력을 넓혀갔다. 그뒤 고이왕(古爾王, 234~285년)은 한강 유역을 통합하고 율령(律令)을 반포하면서 국가의 기틀을 잡았으며, 근초고왕(近肖古王, 346~374년)은 마한을 통합하고 고구려의 평양성을 공격하여 고국원왕을 살해하는 등 전성기를 맞았다. 백제가 차지하고 있던 한강 유역이 고구려로부터 위협을 받기 시작한 것은 17대 아신왕(阿莘王, 392~404년) 때인

396년이다. 고구려는 광개토왕(廣開土王, 391~412년) 때 백제의 한성을 침략하고 한강까지 바짝 죄어들었다.

그뒤 장수왕(長壽王, 413~491년)이 남하정책을 펴면서 한강 유역을 장악해오자 백제의 비류왕(毗有王, 427~455년)과 신라의 눌지왕(訥祗王, 417~457년)은 나제동맹(羅濟同盟)을 체결하고 고구려에 맞섰지만 힘에 부쳤다. 마침내 장수왕은 475년 백제의 수도인 한성을 함락시킨 뒤 개로왕(蓋鹵王, 455~474년)을 패사(敗死)시키고 한강 유역은 물론 금강 상류까지 차지하였다. 고구려는 76년 동안 한강 하류의 6개 군과 상류의 10개 군을 통치했다.

한강 유역을 잃은 백제의 성왕(聖王, 523~553년)은 신라 진흥왕(眞興王, 540~575년)과 함께 551년 한강 유역을 되찾았으나 2년 후인 553년 한강 하류의 6군을 신라에 넘겨주었다.

고구려는 한강 유역의 실지 회복을 위해 영양왕(嬰陽王, 590~618년) 초기에 죽령(竹嶺) 서북 지역까지 진출하기도 했다.

한강 유역을 지키고 빼앗으려고 한 삼국은 한강 유역 곳곳에 많은 성을 쌓았다. 한강 상류인 영춘(永春)에 고구려가 쌓은 것으로 보이는 온달산성이 있고, 동강 물줄기인 정선과 영월 지역에는 고성리산성과 완택산성을 쌓아 중요한 거점으로 삼았다.

삼국시대에는 고구려, 백제, 신라 모두 한강 유역을 확보하기 위해 치열한 접전을 벌였다. 이는 한강 유역이 단순히 한반도의 중심부에 위치하고 있다는 이유만이 아니라 경제적, 군사적인 면에서 가치를 지니고 있었기 때문이다. 백제, 고구려, 신라가 돌아가면서 한강 유역을 지배하는 동안 동강은 한강 유역의 변방(邊方)으로 흥망성쇠를 같이 했다.

935년 경순왕(敬順王, 927~935년) 때 신라가 역사의 무대에서 사라지자 한강 유역은 고려가 지배하게 되었지만, 개경을 수도로 한 고려는

동강의 이름

동강의 옛 이름

조선시대 이전의 기록에는 동강의 이름이 보이지 않는다.

예부터 한강 수계(水系)에 속하던 동강은 한사군과 삼국시대 초기부터 조선시대까지 한강의 옛 이름과 같이했다.

동강의 상류인 조양강은 태백산에서 시작하여 백두대간 산허리를 두루 휘돌아 흐르는 골지천과 평창군 황병산에서 시작되는 송천이 아우라지에서 만나 흐르는 강을 말한다. 조양강은 흐르면서 오대천과 동대천을 달고 정선읍 가수리에 이르러 동남천 물줄기를 만나 비로소 동강이 된다.

지금은 동강을 가수리에서부터 흐르는 물과 평창 쪽에서 흘러드는 서강(西江)이 만나는 51킬로미터의 물길을 일컫지만, 동강의 이름이 문헌 곳곳에 등장하던 조선시대까지만 해도 지형 지세의 특성에 따라 이름을 구분했다.

일반적으로 조선시대에는 지금의 조양강을 가리켜 대음강(大陰江)과 동강(桐江)으로 보았는데, 대음강은 정선 읍내를 병풍처럼 둘러친 대음산(大陰山) 아래로 흐른다는 데서 나온 이름으로 상서롭지 못하다고 하여 훗날 동강(桐江)으로 부르게 되었다.

예전에는 동강(東江)을 하며강(下亦江), 연촌강(淵村江), 금장강(錦障江)으로 구분해 불렀다. 조선 성종 때 펴낸 『세종실록』「지리지」'강원도' 편에는 지금의 동강을 '금장강'으로, 평창 쪽에서 흘러드는 서강을 '가근동진(加斤同津)'으로 기록하고 다음과 같이 금장강에 대해 적었다.

금장강은 그 근원이 오대산동(五臺山洞) 금강연(金剛淵)에서 시작하여 진부역(珍富驛) 수다사골(水多寺洞)을 지나 정선군에 이르러 광탄(廣灘)이 되고, 고을 남쪽에 이르러 대음강에 들어가 두 물이 합하여 흘러서 가탄(加灘)에 들어가고, 평창군 동쪽에 이르러 연화진(淵火津)이 되며, 영월군 동쪽에 이르러 금장강이 된다.

위의 기록에서 보듯 동강의 명칭을 가탄, 연화진, 금장강으로 기록하고 있어 지역에 따라 서로 다르다는 것을 알 수 있다.

조선 중종 25년(1530)에 증보 간행된 『신증동국여지승람(新增東國輿地勝覽)』 '영월군' 편에는 금장강을 "군 동쪽 1리에 있는데 평창군 연촌진(淵村津) 하류이다"고 했고, '평창군' 편에는 연화진을 "군의 동쪽 50리에 있고 강릉부 오대산에서 나온다"고 했다.

이때까지만 해도 지금의 정선읍 가수리 일대를 흐르는 강을 가탄이라 했고, 신동읍 운치리와 덕천리에서부터 미탄면 마하리 진탄까지를 연화진, 또는 연촌진이라 불렀고, 영월읍 문산리에서 아래로 흐르는 강을 금장강이라고 했음을 알 수 있다. 연화진을 운치리에서 미탄면 마하리까지로 보는 데는 운치리와 덕천리, 고성리 일대 모두가 조선시대에는 평창군 동면에 속해 있던 지역이기 때문이다.

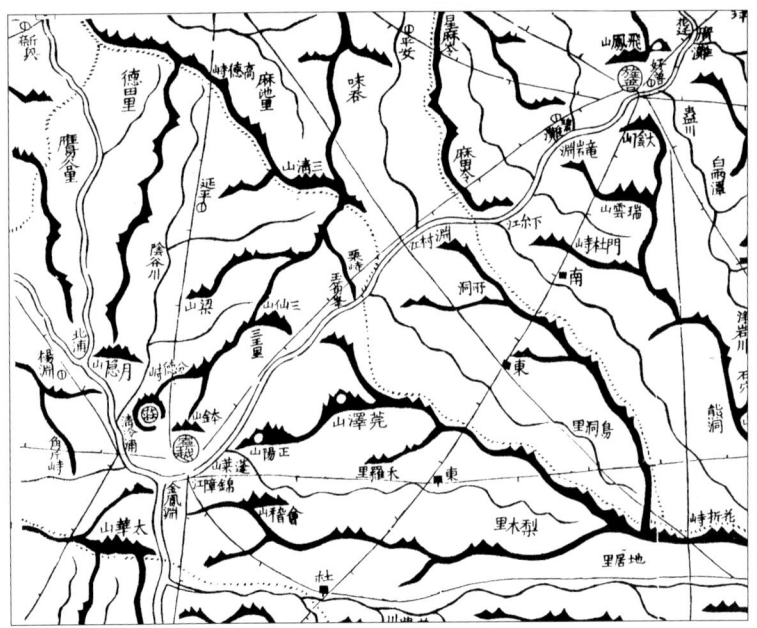

「**대동여지도**」 정선에서 영월로 흐르는 동강 물길이 한눈에 들어온다. 연촌강, 금장강 등의 이름이 눈에 띈다.

　그뒤 조선 후기에 제작된 「대동여지도」 등의 지도에는 동강 상류를 연촌강으로, 하류를 금장강으로 기록하고 있다.

　오늘날 쓰이는 '동강(東江)'이라는 이름은 1914년부터 일제가 행정구역을 개편하면서 동서남북 식의 지류(支流)에 따라 쓰기 시작한 것으로 보인다.

　그런데 동강이라는 이름은 일제시대에도 거의 쓰이지 않았다. 1929년에 발간된 『조선환여승람(朝鮮寰輿勝覽)』 '하천' 편에도 "금장강은 오대산에서 발원하여 어지러운 산 깊은 골의 허다한 하천과 합하고 동남으로 흐르다가 충청북도에 이르러 달천강과 합류한다"고 나와 있을 뿐 동강에 대한 기록은 보이지 않는다.

동강이라는 이름이 알려지게 된 것은 국립지리원에서 발행하는 지도에 동강이라는 이름이 나타나면서부터이고, 그뒤 1990년 초부터 영월댐 문제로 논란이 계속되면서 전국적으로 널리 알려지게 되었다.

동강의 지류와 이름

작은 물줄기 여러 개가 모여 내〔川〕를 이루면, 냇물은 다시 여러 개가 모여 강을 이룬다. 강을 본류(本流)로 치면 지류는 본류에 흘러드는 물줄기를 뜻한다. 본류에 흘러드는 지류를 제1지류라고 부르며, 제1지류에 흘러드는 물줄기를 제2지류라 부르고, 제2지류에 흘러드는 물줄기를 제3지류라고 한다.

동강에 흘러드는 지류는 크게 상류의 동남천(東南川), 중류의 창리천(倉里川), 하류의 석항천(石項川) 등 3곳이 있다.

동남천

정선군 고한읍 고한리 만항재 정상 부근에서 흘러내리는 6.2킬로미터의 정암천과 정암사(淨巖寺) 골짜기에서 흘러내리는 물이 만나 시작되는 물줄기를 말한다. 고한읍과 사북읍, 남면을 휘돌아 정선읍 가수리에서 조양강과 합쳐지는 43.6킬로미터의 물길로 동남쪽을 휘돌아 흐르기 때문에 붙여진 이름이다. 그러나 지도상에는 동남천으로 기록된 데 반해 물줄기가 길다고 해서 붙여진 지장천(支長川)이란 이름이 널리 사용되고 있다.

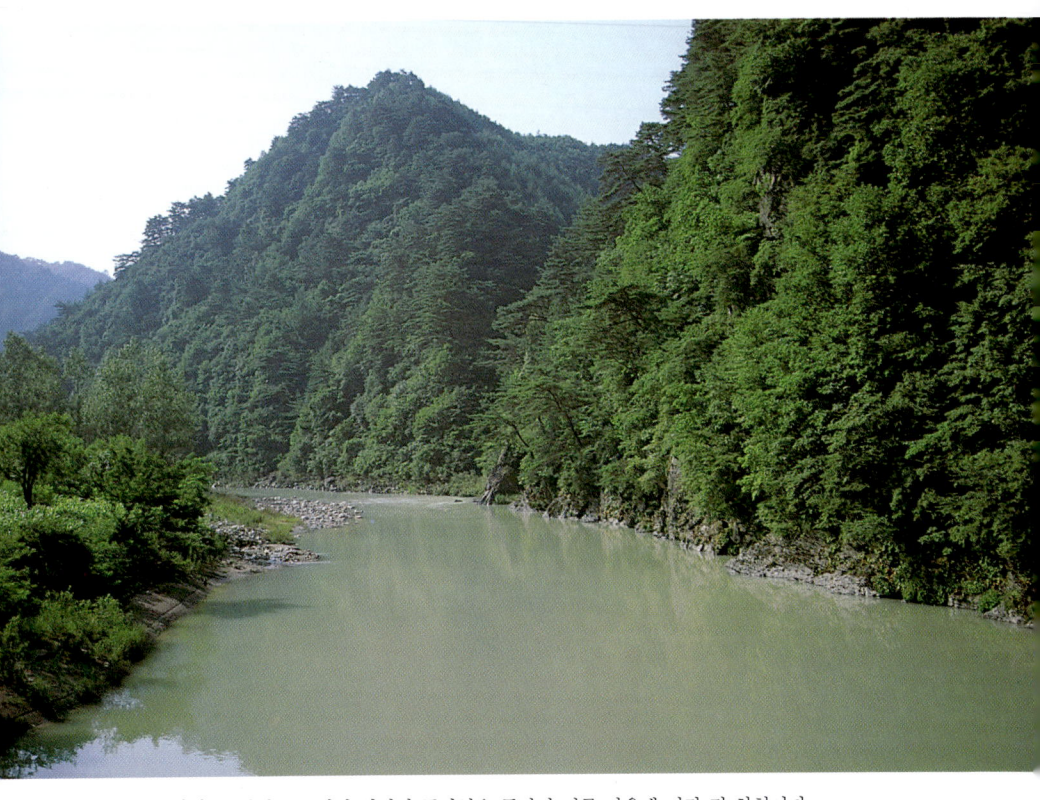

동남천 지장천으로 널리 알려진 동남천은 동강의 지류 가운데 가장 긴 하천이다.

창리천

평창군 미탄면의 평안리에서 흘러내리는 물과 율치리에서 흘러내리는 물이 창리에서 만나 흐르는 16.8킬로미터의 물줄기를 일컫는다. 한탄리를 흐르는 물은 기화리 주변 곳곳에서 샘솟는 많은 수량의 물이 더해져 마하리로 흘러 진탄나루 부근에서 동강과 합류한다.

창리천은 기화리 부근에 이르면서부터 맑고 차가운 물이 많이 흘러

든다. 이 물을 이용해 창리천 유역에는 송어 양식 등이 발달했다.

석항천

신동읍의 방제리 매화동 골짜기에서 흘러내리는 물과 두리봉 중턱에서 흘러내리는 물이 조동리 안경다리에서 만나 시작되는 물줄기로, 예미리에서 의림천과 합류해 흐르다가 천포리 양지마을 위에서 물이 땅속으로 스며들어 건천(乾川)을 이룬 뒤 다시 영월군 중동면 석항리에서 솟아나 흐른다. 중동면과 영월읍을 거쳐 영월읍 덕포에서 동강과 만나는 26.5킬로미터의 물길을 일컫는다.

동강의 지질과 지형

지질

동강을 이야기할 때 자주 오르내리는 것 가운데 하나가 바로 지질학적인 구조다.

동강 유역의 지질은 대부분이 고생대 캄브로-오르도비스기(약 5억 년~4억 5천만 년 전)에 형성된 조선누층군과 고생대 석탄계에서 중생대 트라이아스기에 형성된 평안누층군, 중생대 쥐라기의 대동층군과 제4기의 홍적층, 충적층이 두루 분포되어 있다. 고생대 캄브로-오르도비스기 당시 동강 유역은 바다였기 때문에 바다에서 볼 수 있는 염생식물(鹽生植物) 화석도 발견되고 있다.

동강 유역 대부분은 정선향사대(旌善向斜帶)와 백운산향사대(白雲山向斜帶) 사이에 위치한 석회암층으로 이루어져 있으며, 일부 지역만 사암층 구조를 보이고 있다. 동강 일대의 지질과 지형을 조사한 충북대학교 지리교육과의 강영복 교수에 따르면 대석회암층은 평창형, 정선형, 두위봉형으로 구분이 되어 분포하고 있다고 한다.

두위봉형은 동강 유역 분지의 대부분을 차지하는 정선 석회암층과

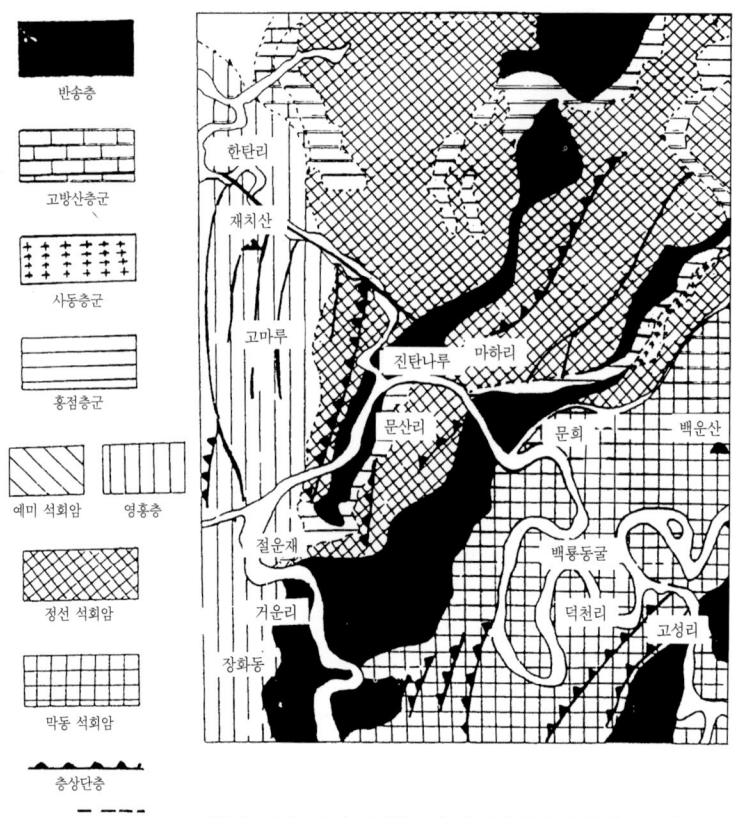

반송층

고방산층군

사동층군

홍점층군

예미 석회암   **영흥층**

정선 석회암

막동 석회암

층상단층

단층

충북대 지리교육과 강영복 교수가 작성한 동강 유역의 지질도

(지도 내 지명: 한탄리, 재치산, 고마루, 진탄나루, 마하리, 문산리, 문희, 백운산, 절운재, 거운리, 백룡동굴, 덕천리, 고성리, 장화동)

막동 석회암층, 영흥층으로 구성되어 있지만, 다소 차이를 보이고 있다.

　막동 석회암층은 동강의 감입사행천(嵌入蛇行川)이 시작되는 상류의 정선읍 가수리와 신동읍 일대로 석회석 함량이 높은 순수 석회석지대 를 일컫는다. 이러한 지대에는 특히 짙은 회색의 괴상석회석으로 형성

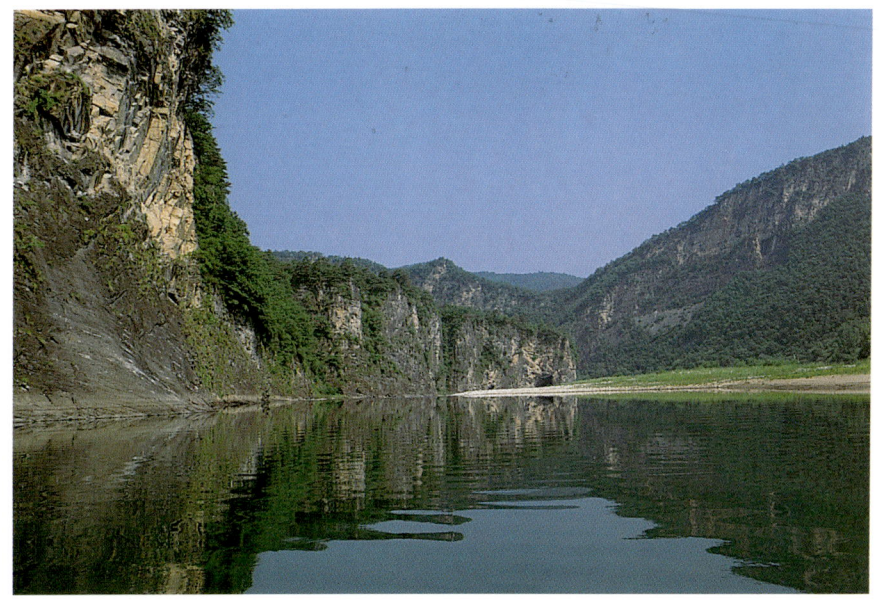

기암절벽 석회암으로 형성된 카르스트 지형은 '뼝창' 이나 '뼝대' 라고 부르는 깎아지른 듯한 절벽을 형성해 놓았다.

된 기암절벽과 동굴 등의 카르스트 지형(용식 지형)이 발달하게 된다. 현지 주민들이 '뼝창', 또는 '뼝대' 라고 부르는 가수리와 운치리, 덕천리 일대의 깎아지른 듯한 절벽과 수없이 많은 동굴은 바로 막동 석회암층의 전형적인 특징을 보여 준다.

막동 석회암층의 위쪽으로 분포하는 정선 석회암층은 영월읍 문산리와 미탄면 마하리 일대를 포함한 지대로 회색 또는 짙은 회색의 풍화된 충식 석회암(蟲蝕石灰巖)이 나타나고 있는 것을 확인할 수 있다.

미탄면 한탄리에서 남쪽으로 수직으로 뻗은 영흥층은 암회색의 석회암 구조로 재치산, 고마루, 수리봉, 절운재까지 이어져 있다.

동강 하류인 영월읍 거운리 일대는 두위봉형 조선누층군이 아닌 중

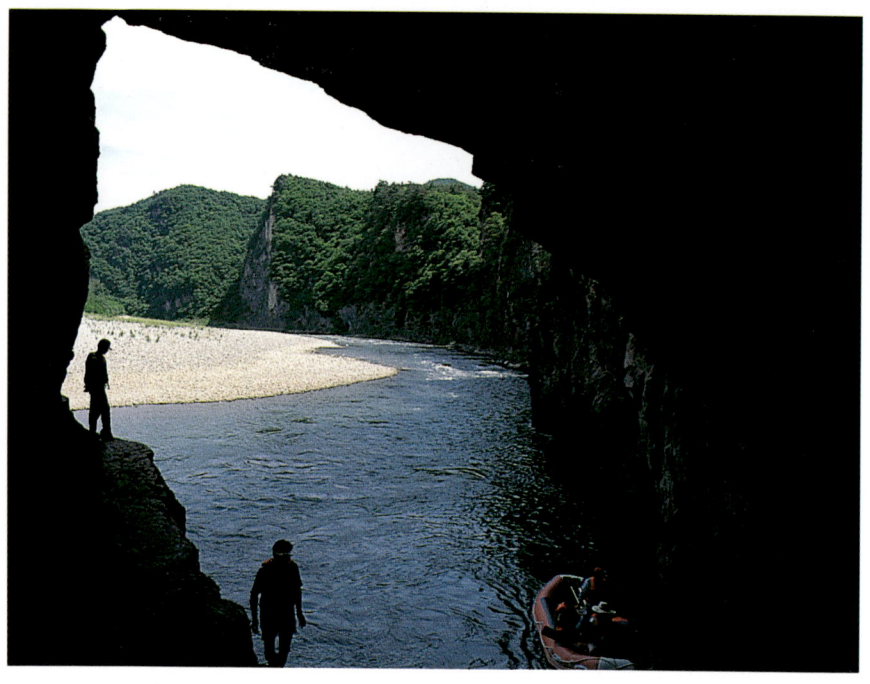

동굴 막동 석회암층의 전형적인 특징을 보여 주는 동굴은 동강 물길 곳곳에 수없이 많다.

생대 쥐라기의 반송층군에 속해 있으며 셰일과 사암으로 이루어진 지
역이다.

동강 일대에 광범위하게 분포하는 이들 석회암층에는 북동 남서
방향의 충상단층(衝上斷層)과 단층선이 같은 방향으로 잘 발달되어
있다.

지질시대부터 오늘날까지 계속되어 온 석회암 지대의 지반 운동은
이들 단층선 외에 절리, 틈서리와 수많은 단열대들을 오랜 세월 동안
용식 작용에 노출시켜 카르스트 지형으로 발달하게 했다.

지형

오랜 시간에 걸쳐 진행된 대석회암지대는 동강 유역 곳곳에 돌리네, 우발레, 폴리에와 같은 수많은 카르스트 지형을 형성시켜 놓았다. 이들 카르스트 지형은 높은 산이나 가파른 산사면이라고 해도 움푹 들어가거나 평평하고 점토 함량이 높은 적색토가 두텁게 쌓여 있어 대부분 무나 배추 등의 고랭지 채소를 재배하는 밭으로 쓰이고 있다. 신동읍 고성리의 덕새와 새덕, 미탄면의 고마루 등지는 카르스트 지형의 대표적인 곳이다.

미탄면 한탄리 재치산 남사면에 위치하고 있는 고마루에는 길이가 2킬로미터, 폭이 500미터에 이르는 우발레가 분포하고 있으며, 1백여 개에 달하는 돌리네와 함께 건곡, 폐쇄곡 등도 잘 발달해 있다. 그런데 해발고도 500미터에서 700미터 사이에 형성된 고마루에서 농사를 짓고 있는 주민들에 의하면 돌리네와 우발레와 같이 눈으로 확인할 수 있는 카르스트 지형 외에 눈에 보이지 않는 지하에도 수없이 많은 동굴과 절리, 단열대, 틈서리 등이 존재하고 있다고 한다. 봄철과 가을철과 같이 일교차가 큰 아침이면 밭의 '시구지'라고 부르는 싱크홀(낙수혈) 주변에서 하얀 수증기가 올라온다는 것이다. 가까이 가면 후끈하게 느낄 정도인 이 수증기는 깊은 땅속 동굴에서 올라오는 것 같다고 주민들은 말한다.

고마루에서 동남쪽으로 직선거리 9킬로미터 지점에 있는 신동읍에도 산지 평탄면과 산사면에 타원형의 돌리네와 우발레가 발달해 있다. 돌리네와 복합 돌리네인 우발레에 의해 형성된 넓은 평지밭 대부분의 명칭은 '덕'자를 취하거나 '구덩밭'이라는 지명을 갖는다.

카르스트 지형은 이와 같은 특징 외에도 석회암 지형을 감입곡류(嵌入曲流)하면서 하천의 양안(兩岸, 양쪽 기슭)으로 50미터가 넘는 가파

른 기암절벽을 무수하게 만들어 놓았다. 동강변에는 단층과 절리 등이
잘 발달해 동굴과 용천(湧泉) 등이 많다. 덕천리 나리소에서부터 칠족
령(七足쏳)과 제장, 연포(硯浦)로 굽이도는 지형은 수직 절벽의 뛰어
난 경관을 연출해 놓았다. 또한 미탄면 마하리의 백룡동굴을 비롯해 2
백여 곳에 이르는 크고 작은 동굴과 덕천리, 영월읍 문산리 등 60여 곳
에 이르는 용천수는 단층선, 틈서리, 절리에 의해 만들어진 대표적인
석회암의 지반 운동 가운데 하나라고 할 수 있다.

그런데 이런 크고 작은 동굴들과 무수하게 많은 단층선, 절리, 틈서
리를 따라 흐르는 지하수는 어느 방향으로 뻗어 있는지 제대로 알 수가
없다. 실제로 동강 물길에서 그리 멀지 않은 신동읍 고성리의 고림마을
에 있는 고림물굴은 큰 장마가 지면 굴 안에서 물고기와 함께 많은 물
이 쏟아져 나온다고 주민들은 말한다. 이것은 고림굴 입구의 해발고도

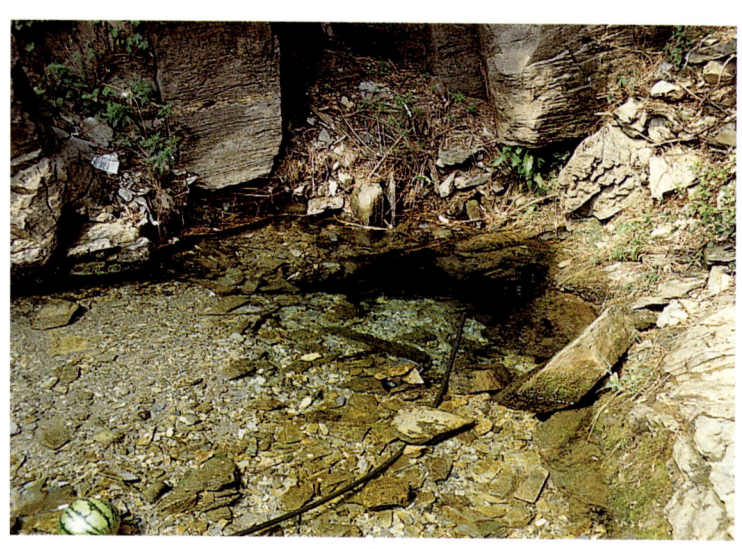

용천수 동강 주변 곳곳에는 물이 솟아나는 샘이 많다.

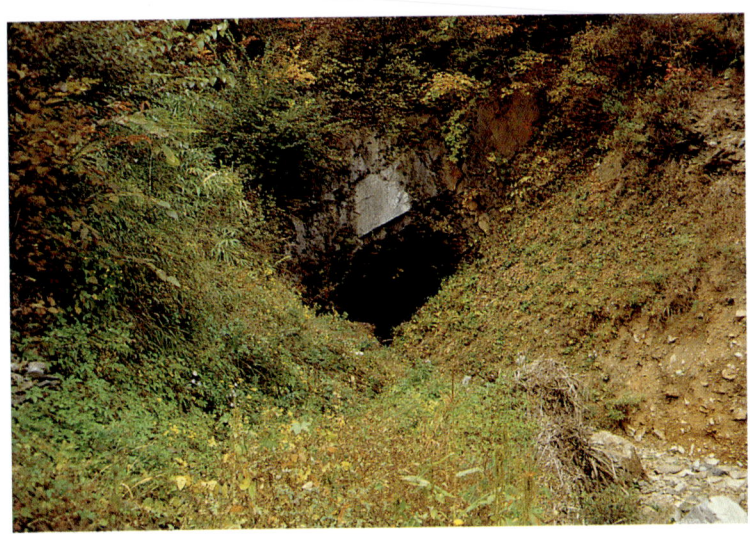

고림굴 해발고도가 동강보다 높지만 장마가 지면 굴 안에서 물고기와 함께 많은 물이 쏟아져 나온다.

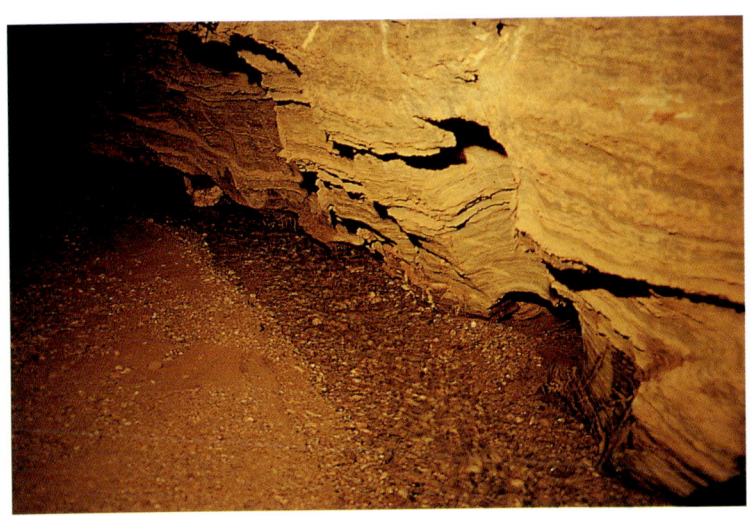

고림굴 안 보통 때도 물이 흐르는 고림물굴은 댐 건설 논란 당시 지하수 유출 통로로 안전성 문제가 제기된 곳이다.

가 동강보다 훨씬 높다는 점을 감안하면 장마 때 강 어디에선가 유입된 물이 강한 압력을 받아 상승한다는 사실을 입증한다.

　동강은 지질 운동과 지형에 관한 연구가 아직까지도 미흡한 지역으로 학술적 가치가 매우 높은 곳이다. 학자들 또한 동강 유역을 지질 및 지형학상 한반도 생성의 열쇠를 풀 수 있는 지역으로 여기고 있다.

동강 유역의 마을

동강을 끼고 산자락 아래에 자리한 마을은 참으로 편안하다. 굽이굽이 산을 돌아 흐르던 강물이 빚어 놓은 퇴적지에는 오랜 옛날부터 마을이 들어서서 유구한 역사를 같이했다. 마을은 강과 어우러져 단아한 모습을 이루고, 사람들은 자연의 모습을 닮아갔다. 뭉툭하면서도 슬기롭게 살아가면서 주변의 모든 것에 이름을 부여했다. 산이나 골짜기, 하물며 바위 하나에 이르기까지 제 나름대로 이름을 갖고 시간을 흘러왔다.

정선에서 흘러 평창과 영월로 치닫는 동강 유역에는 수백 명이 모여 이룬 마을이 있는가 하면, 한두 사람이 남아 명맥을 잇거나 아예 사라진 마을도 있다.

동강 유역의 마을을 상류에서부터 살펴보면 다음과 같다.

정선군 정선읍 가수리의 마을

가수리는 동강이 시작되는 곳에 있는 마을로 수미〔水味〕, 북대, 갈매〔葛味〕, 가탄, 유지, 해매〔下味〕 등의 마을로 이루어져 있다.

'수미'는 가수리의 중심 마을로 마을 앞을 흐르는 강물이 아름답다고 해서 부른 이름이다. 수며에서 나온 지명으로「정선읍지」나 옛 지도 등을 보면 수며리(水旀里)라고 되어 있는데, '며(旀)'는 신라의 땅이름을 나타내는 말로 신라가 한강 상류를 점령하면서부터 생겨난 이름으로 볼 수 있다. 마을 입구에는 높이 30미터, 둘레 7미터에 달하는 거대한 느티나무가 자태를 뽐내며 가수리의 역사를 말해 주고 있다. 6백여 년 전 강릉 유(劉)씨가 마을에 들어와서 심은 나무라고 한다. 길게 가지를 드리운 이 느티나무는 검은빛의 나무로 지은 가수분교와 운동장을 사이에 두고 진풍경을 이룬 채 서 있다.

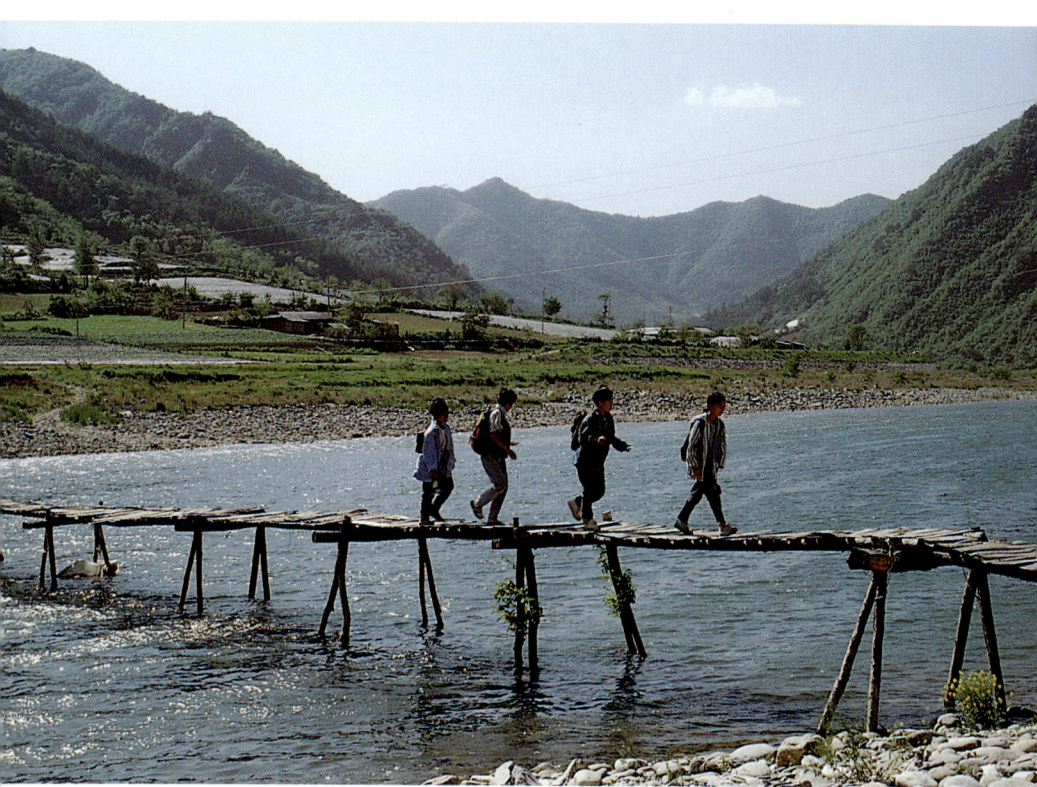

나무다리 가수리 수미마을과 북대마을 사람들이 한겨울을 나기 위해 놓았던 나무다리의 정겨운 모습.

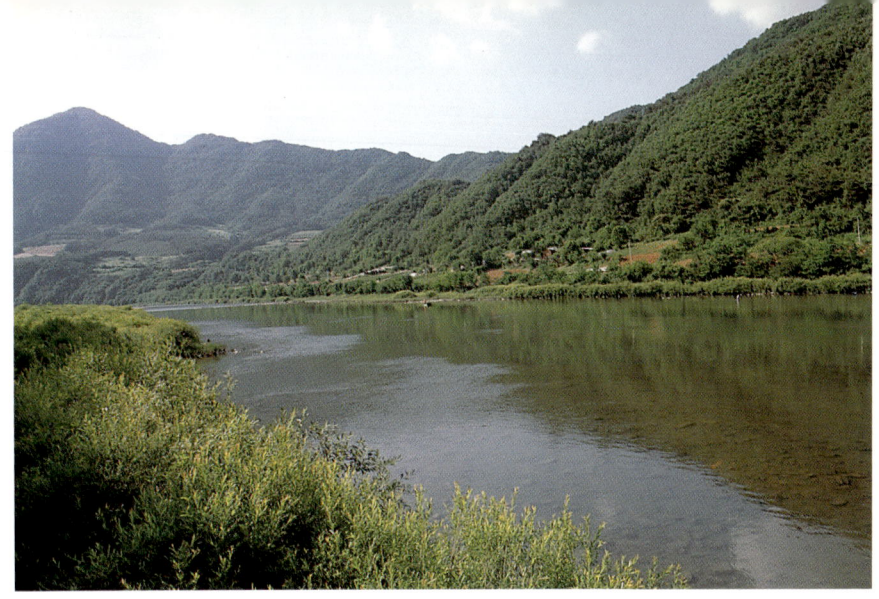

해매마을 가수리의 끝자락에 위치한 해매마을은 호젓한 강과 어우러진 마을이다.

이러한 아름다움과는 달리 수미마을은 형국이 조리와 같아서 쌀을 씻을 때 물이 가득 차면 부어내는 것처럼 살 만큼 돈을 벌었을 때 떠나야지 계속 남아 있으면 알거지가 된다는 이야기가 전해 온다.

강 건너편에 있는 북대마을은 가수리 사람들이 '뒷대벌'이라고 부른다. 지금은 강을 건너기 위해 통관을 묻고 콘크리트를 덧씌운 다리를 놓았지만, 수년 전까지만 해도 늦가을이 되면 다릿발을 세우고 쭉정이 나무를 얹은 나무다리를 놓아 한겨울을 나던 정겨운 모습이 있던 곳이다. 또한 마을의 형국이 배[船]와 같아 옛날부터 마을에는 절대로 우물을 파지 않았으며, 한 번은 우물을 팠다가 마을에 좋지 않은 일이 계속되자 급히 메운 적도 있다고 한다. 지금이야 상수도가 들어와 물 걱정은 없지만, 그전까지는 강물을 길어다 먹었다.

북대마을에서 남쪽으로 강을 따라 내려가면 갈매라는 마을이 나온다. 마을 앞으로 강이 흐르지만, 정작 마을에는 물이 귀해서인지 사람들이 대부분 떠나고 한두 가호만 살고 있다.

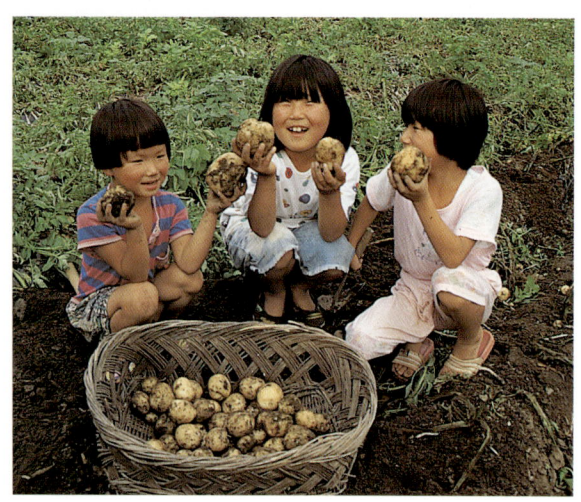

가수리의 아이들 막 캔 감자를 들고 즐거워하고 있다.

갈매 남쪽에는 가탄마을이 있다. 마을 앞으로 흐르는 강물이 아름다워 부른 지명이라고 하나 옛 문헌에는 더할 '가(加)'자를 썼다. 골짜기에서 흘러내린 물이 강물에 더해져 생겨난 이름으로 보는 게 맞을 듯싶다.

가수리의 끝마을인 해매마을은 본래 지명이 '하며'였다. 초가지붕을 닮은 가산(家山)을 등지고 마을은 물길을 따라 줄지어 있다.

가수리 사람들은 1983년 상류인 정선읍 귤암리나 하류인 신동읍으로 통하는 강변도로가 개통되기 전까지만 해도 고개를 넘어 읍내를 다녔다. 정선 읍내로 가기 위해서는 너툰이재를 넘어야 했고, 신동으로 가기 위해서는 가탄의 틀이재를 넘어 다녀야 했다.

삶이 고되었던 만큼 고향을 홀홀 떠나간 사람도 많다. 20여 년 전까지만 해도 1백50여 가호가 살았으나 지금은 50여 가호만이 살고 있는 것을 봐도 그렇다.

정선군 신동읍 운치리의 마을

 동쪽으로 가수리와 접한 운치리는 고종 32년(1895)까지만 해도 평창군 동면에 속해 있던 지역이다. 운치리라는 이름은 1914년 일제가 우리나라의 토지를 수탈할 목적으로 실시한 지방행정구역 통폐합 때 납운돌과 돈니치(敦泥峙)에서 따온 것이다.

 가수리 쪽에서 내려와 강 건너 마을인 해매를 지나 처음으로 접하는 마을이 '고재빨'이다. 가수리 쪽에서 흐르는 동강 물길의 물굽이가 심해 강어귀에 높은 퇴적층이 만들어져 생겨난 이름이다. 애를 낳으면 고자(鼓子)를 낳는다는 속설 때문에 사람들이 마을을 떠나서 규모는 초라해졌다.

 고재빨을 돌아서면 강 건너로 수동마을이 눈에 들어온다. 수동은 본래 이름이 '지며(芝旀)'로 넉넉하고 푸근하게 느껴지는 마을이다. 뒤로는 백운산 자락을 등지고, 앞으로는 강물이 깊고 완만해서 생겨난 지명인데 한때는 댐 건설 예정지로 오르내리기도 했다. 수동마을의 볼거리로는 해마다 10월, 마을 앞으로 흐르는 강에 놓는 섶다리가 있다. 겨울을 나기 위해 마을 사람들은 품앗이로 다리를 놓고 한바탕 잔치를 벌이고, 이듬해 봄 장마로 물이 불어 떠내려가면 늦가을에 다시 놓고 하는 일을 수백 년째 되풀이하고 있다.

 수동마을 건너편 언덕 위로는 번들(飜坪)마을이 있다. 산사면에 형성된 넓은 평지를 뜻하는 '번들' 또는 '둔들'이 변해 생긴 이름이다.

 수동과 번들을 지나 강을 따라 내려오면 강 건너편에 점재(占峙)마을이 한가하게 느껴진다. 옛날 이곳에 용한 점쟁이가 살았다고 해서 생긴 이름이라고 하나 확실하지 않다. 몇 년 전까지만 해도 육지 속의 섬이라 할 만큼 고립되다시피 하였으나 마을 뒷산인 백운산이 널리 알려지면서 등산객들로 붐비게 되었다.

 점재 남쪽에 있는 납운돌은 강변에서 동쪽으로 난 골짜기를 따라 3

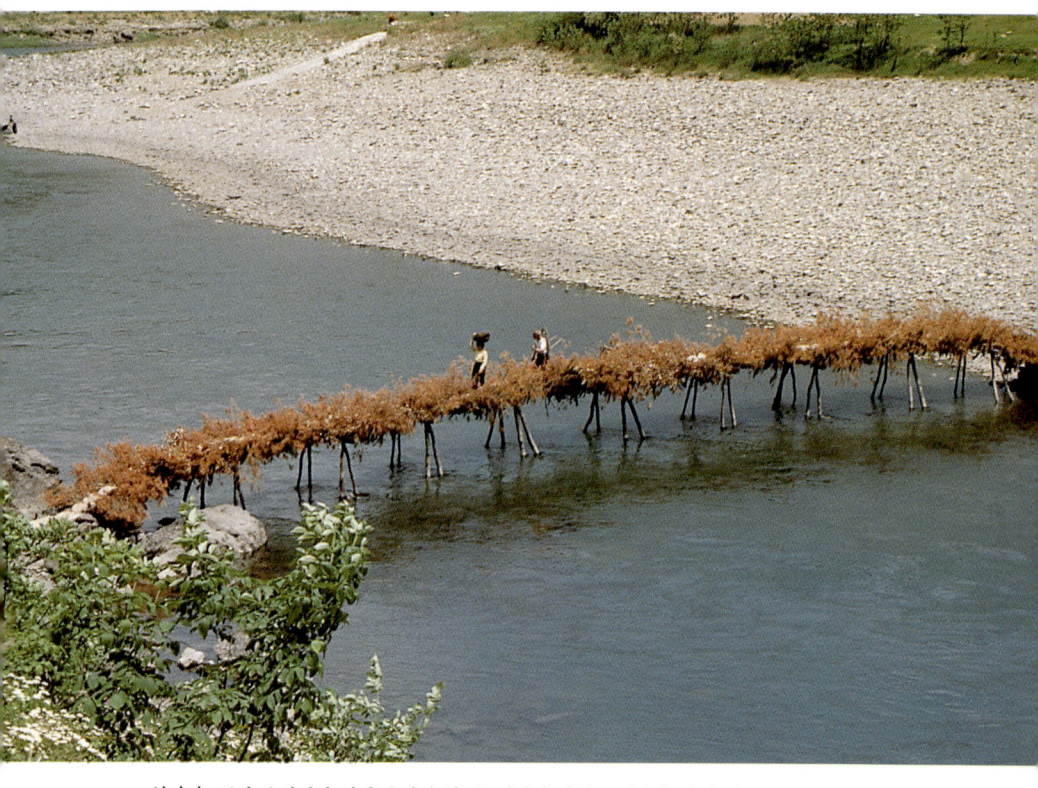

섶다리 동강 유역에서 가장 흔하게 볼 수 있었던 다리로 겨울을 나기 위해 수동과 번들마을 사람들이 수백 년째 섶다리를 놓고 있다.

백여 미터 들어간 곳에 있는 마을이다. 예미초등학교 운치분교가 있으며 마을 앞으로 흐르는 개울에 넓은 반석(盤石, 넓고 편편한 바위)이 있어 '너븐돌'이라고 했는데, 일제 때 발음에 맞는 한자를 찾다보니 납운돌로 바뀌었다. 이 마을 사람들의 족보에는 너븐돌이 광석리(廣石里)로 표기되어 있다.

　납운돌에서 돈니치를 향해 가다 보면 산사면에 얼음굴이 있는 것을 볼 수 있다. 어른 한 사람이 겨우 들어갈 정도인 이 굴에는 삼복(三伏)에도 얼음이 맺힌다. 옛날부터 얼음굴에 어는 얼음을 토종꿀과 함께 녹여 빈속에 먹으면 속병을 고친다는 이야기가 전해 내려와 일제 때까지도 매년 6월 중순에 어는 첫얼음은 정선 군수에게 바쳤다고 한다.

이 밖에 운치리에는 동강과는 조금 떨어진 깊은 계곡에 돈니치, 터골 등의 마을이 형성되어 있다. 많을 때는 2백여 가호가 넘게 살았으나, 지금은 1백여 가호가 채 되지 않은 주민들이 고추, 콩, 옥수수 등의 밭농사를 지으며 살고 있다.

정선군 신동읍 고성리의 마을

고성리는 운치리와 덕천리의 남쪽에 있는 마을로 고종 32년까지만 해도 운치리와 마찬가지로 평창군 동면에 속해 있었다. 고방마을 앞산에 테뫼형의 옛 성(고성리산성, 古城里山城)이 있다고 해서 생긴 지명으로 벌말(坪丘), 고림(古林), 물추이(水村), 새나루(新津), 창마을(內倉), 자르메(柄山), 고방 등의 마을로 이루어져 있다.

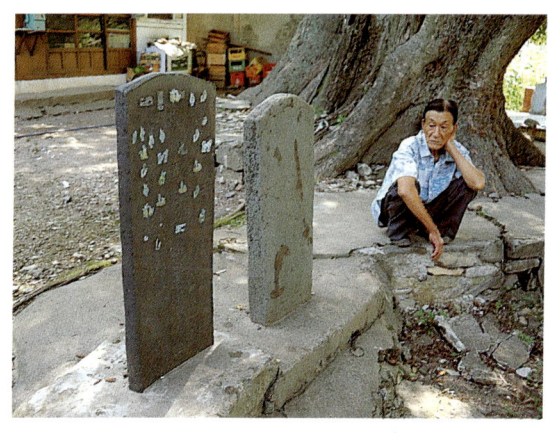

창마을 옛 비석 조선시대 세곡을 징수해 보관하던 마을의 규모를 짐작할 수 있다.

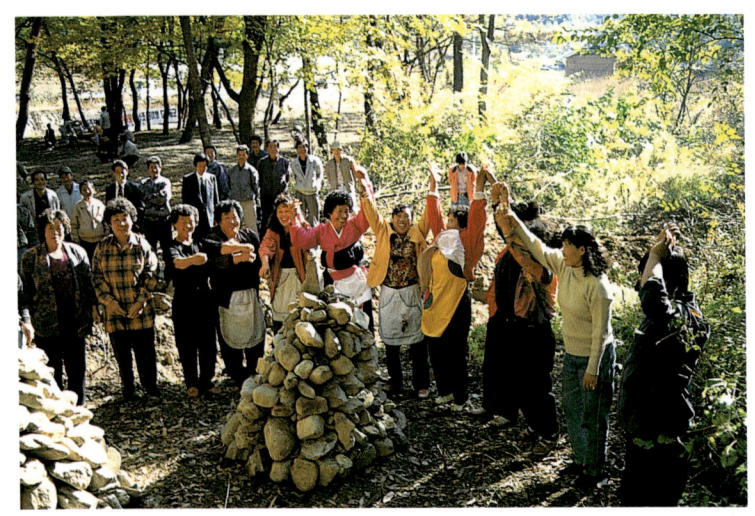

부녀탑쌓기 고성산성제 때 마을 부녀자들이 염원을 빌며 탑쌓기를 한다.

　고성리의 고방마을은 고성리산성 아래에 위치하고 있다. 산성을 올라가는 초입의 숲이 아름다운 마을이라고 해서 생긴 이름이다.

　고방마을 남쪽에 있는 창마을은 고성리의 중심 마을로 조선시대에 곡창(穀倉)이 있던 곳이다. 옛날 창고가 있었던 자리는 확실하지 않으나 밭머리 곳곳에 불에 구운 기와조각이 발견되어 그 규모를 짐작케 한다. 마을 한가운데에는 6백여 년이 넘는 20여 미터 높이의 느티나무가 서 있어 마을의 역사를 가늠케 한다.

　창마을에서 서쪽으로 덕천리 방향에 있는 자르메는 마을을 낀 산세가 마치 자라가 엎드려 있는 형국이라고 해서 붙은 이름으로 일제가 우리말인 '자르메'를 한자로 바꾸면서 '병산(柄山)'으로 잘못 표기하였다. 산자락에 일군 밭이 드넓은 마을이다.

　창마을 동쪽 골짜기 안에 있는 마을인 새나루는 예언성 지명이다. 언젠가는 마을 바로 아래까지 물이 차 나루터가 생길 것이라고 먼 훗날을 내다보고 지은 지명이다. 실제로 새나루에 사는 주민들은 영월댐이 건설되면 새나루 아래까지 물이 차 나루터가 생기게 될 것이라고 믿고 있다.

고성리의 남쪽 끝으로는 벌말과 고림마을이 있다. 이 두 마을은 오랜 옛날부터 이렇게 불리워 왔는데, 벌말은 산으로 둘러싸인 분지 마을이고, 서쪽의 고림마을 한편에는 노송(老松)이 숲을 이루고 있다.

고성리는 고성리산성과 고인돌 등 역사 유적이 풍부한 마을이다. 고성분교 뒤에 있는 커다란 고인돌이 말해 주듯 옛날에는 수많은 사람들이 터를 이루며 살았으나, 지금은 70여 가호만이 있을 뿐이다.

정선군 신동읍 덕천리의 마을

동강에서 물굽이가 가장 심한 곳 주변으로 형성된 덕천리에는 소골, 제장, 바새, 연포, 거부기[龜浦] 등의 마을이 있다. 마을 곳곳에서 신석기시대 이래의 유물과 유적이 발견되는 사실로 미루어 오랜 옛날부터 사람들이 정착해 살고 있었던 곳으로 보인다.

소골은 덕천리에서 가장 상류에 있는 강변 마을이다. 옛날 고을 우두머리가 살았던 곳이어서 소골로 불렀다고 하나 확실하지 않다. 석회암 절벽이 병풍처럼 둘러쳐진 칠족령 아래의 마을로, 1989년 단국대학교 박물관 조사단이 마을 앞 모래 퇴적층에서 신석기시대의 토기를 비롯한 유물을 상당수 발굴해 집단 거주지임을 확인했다.

오래 전부터 사람들은 소골을 『정감록(鄭鑑錄)』에 나온 난(亂)을 피할 수 있는 십승지지(十勝之地)의 한 곳으로 여겼다. 『정감록』에서는 '영월 정동(正東) 상류(上流)'를 소골로 보고 '五旀之下 三峙之中 千人生活(오며의 아래에 삼치의 한가운데 천 명의 사람들이 살아남는다)'이라고 풀이했다. 오며는 노며(魯旀), 수며, 갈며, 하며, 지며이고 삼치

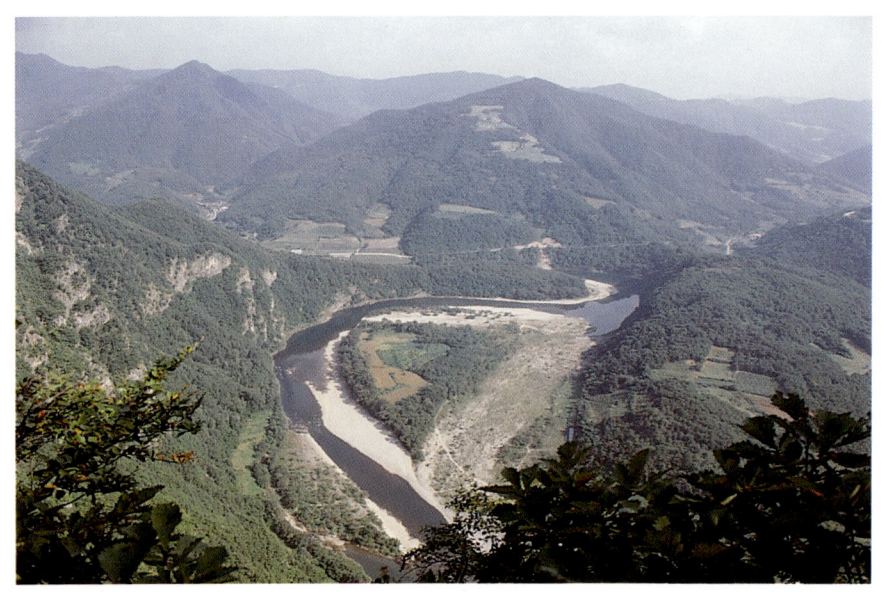

소골마을 석회암 절벽이 병풍처럼 둘러쳐진 칠족령 아래의 강변 마을로 십승지지의 한 곳으로 여겨지기도 했다. 사진:녹색연합 서재철 부장

(三峙)는 운치, 점치, 독치(獨峙)로 모두 현존하는 지명이다. 소골은 옛날에는 큰 마을이었으나, 지금은 5가호 정도만 살고 있다.

소골에서 남쪽으로 내려와 강 건너로 눈길을 돌리면 제장마을이 눈에 들어온다. 강 건너가 지척에 있어도 큰물이 나면 물길을 타는 철선(鐵船, 쇠로 만든 배)을 끌기가 어려워 마을 사람들에겐 '강 건너가 천릿길'이라는 말이 생겨나기도 한 곳이다. 제장은 물굽이에 의해 지형이 마당처럼 평탄하다고 해서 생겨난 이름으로 고인돌과 돌무지무덤 등의 유적이 남아 있다.

제장나루에서 남쪽 골짜기로 접어들면 이제는 폐촌이 되다시피 한 '골덕내'가 나온다. 이 길을 따라가면 덕내〔德川〕마을이 자리잡고 있다. 원덕천(元德川)이라고도 하는 이 마을은 '크다' 라는 뜻을 가진 '덕(德)' 자를 써서 덕내라고 부른다. 덕내에서 신병산(神屛山) 자락으로 빗겨서 난 물렛재를 넘으면 아래로 바새마을이 펼쳐진다. 마을 앞으로 모래사장이 있어 붙여진 이름인데, 일제강점기부터 '소사(所沙)' 라고 부르기 시작했다. 마을 남쪽 강변에는 지름이 1미터 가량 뚫린 땅속 구멍에서 솟아오르는 샘이 있다.

바새에서 강 건너 마을 연포로 가기 위해서는 줄배를 이용해야 한다. 겨울에는 가끔씩 바새마을 아래쪽 강물에 섶다리를 놓아 편하지만, 다리가 떠내려가면 배가 유일한 교통 수단이 된다.

연포는 마을 앞으로 신병산 벼랑이 둘러 있다고 해서 생겨난 이름이다. 연포의 연(硯)은 물가의 가파른 절벽이나 먹을 갈 때 쓰는 도구를

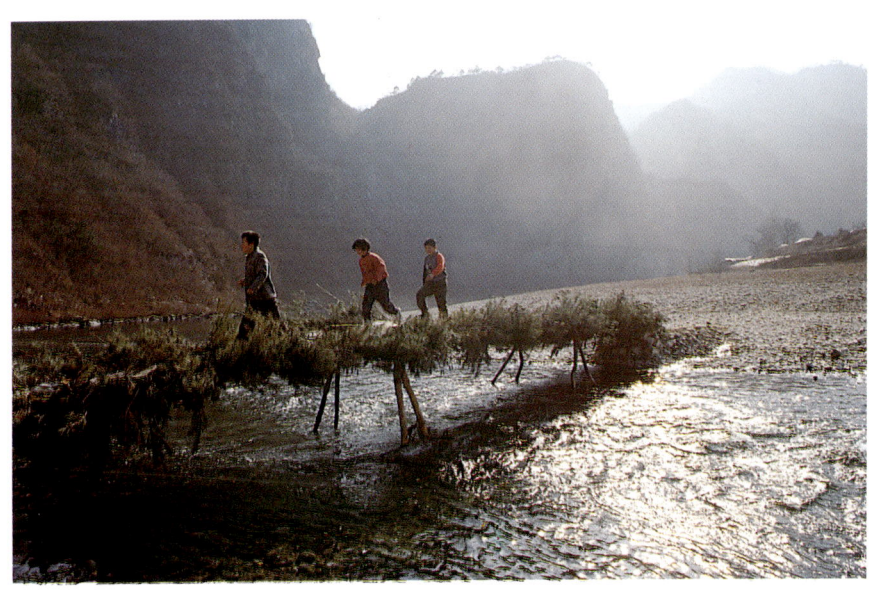

연포 섶다리 바새마을과 연포마을을 잇는 섶다리.

일컫는 '벼루' 또는 '베루'라는 말에서 취해진 것이다. 그러나 지금은 1960년대 초까지만 해도 떼꾼들의 목소리가 왁자지껄하게 들리던 객줏집과 폐교가 된 연포분교가 오지 마을의 피폐한 현실을 드러낸다.

연포 북쪽 마을인 거부기는 마을 형국이 거북이가 물 속으로 들어가는 모습인 금구입수형(金龜入水形)이어서 생겨난 이름이다. 동강 유역의 마을 가운데 사람의 발길이 닿지 않던 대표적인 마을로 모두 2가호가 은둔하듯 산다.

덕천리에는 20여 년 전까지만 해도 80여 가호가 넘게 살았으나, 계속되는 이농 현상으로 지금은 40여 가호만이 살고 있다.

평창군 미탄면 마하리의 마을

마하리는 평창군 미탄면에서 동쪽에 있는 마을로 양지마을, 음지마을, 두루니, 문회마을로 이루어져 있다. 마하리라는 이름은 마하본동의 지형 지세로 인해 생겨난 이름이다. 마하리 본마을의 한가운데에는 마산(馬山)이라고 하는 산이 있다. 산의 형국이 머리를 남쪽으로 두고 물을 마시고 있는 말과 같고, 머리 맞은편은 말을 몰고 가는 하인(下人)의 형국인 홀바우가 서 있는 갈마음수형(渴馬飮水形)이다. 즉 말의 형국인 '마산'과 마을을 흐르는 창리천의 긴 여울을 따서 생겨난 이름이다.

마하본동 입구에서 오른쪽에 있는 양지마을과 왼쪽에 있는 음지마을은 마을의 위치에 의해 생겨난 이름으로, 주민들은 밭농사와 잎담배 등을 재배하며 살고 있다.

마산과 홀바우 사이로 흐르는 창리천 옆길을 따라 내려가다 보면 동강을 만난다. 여기서 상류쪽인 동쪽으로 거친 돌밭길을 따라가면 두루니마을과 문회마을이 있다.

두루니는 강변도로에서 샛길로 들어간 곳에 있는 마을로 산으로 둘

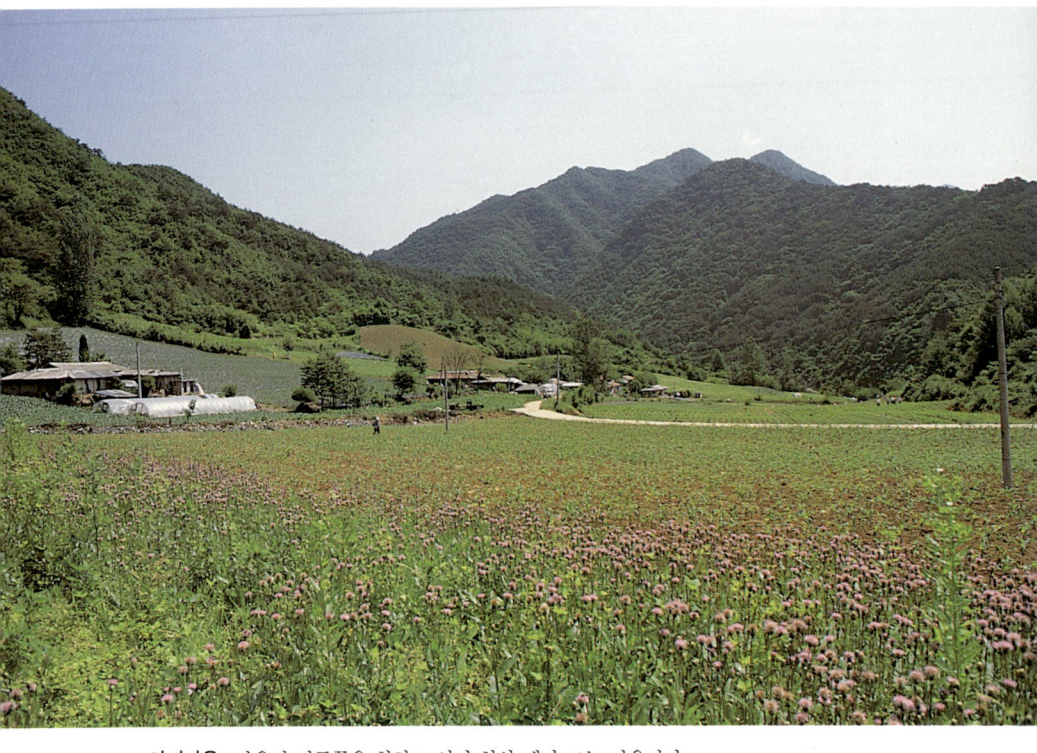

양지마을 마을이 남동쪽을 향하고 있어 항상 해가 드는 마을이다.

러싸였다고 해서 생긴 이름이다.

　두루니에서 동남쪽으로 2킬로미터 정도에 있는 문희마을은 백운산 서쪽 능선 아래에 자리하고 있다. 본래는 옥수수나 고추 등의 농사를 짓는 산골 마을이었으나, 동강이 알려지면서 관광객들이 증가하자 식당과 민박집 등을 운영하여 소득을 올리고 있다.

　마하리는 평창군 지역에서 유일하게 동강과 접한 지역으로 마하본동을 제외한 두루니와 문희 등지는 몇 년 전까지만 해도 접근하기 힘든

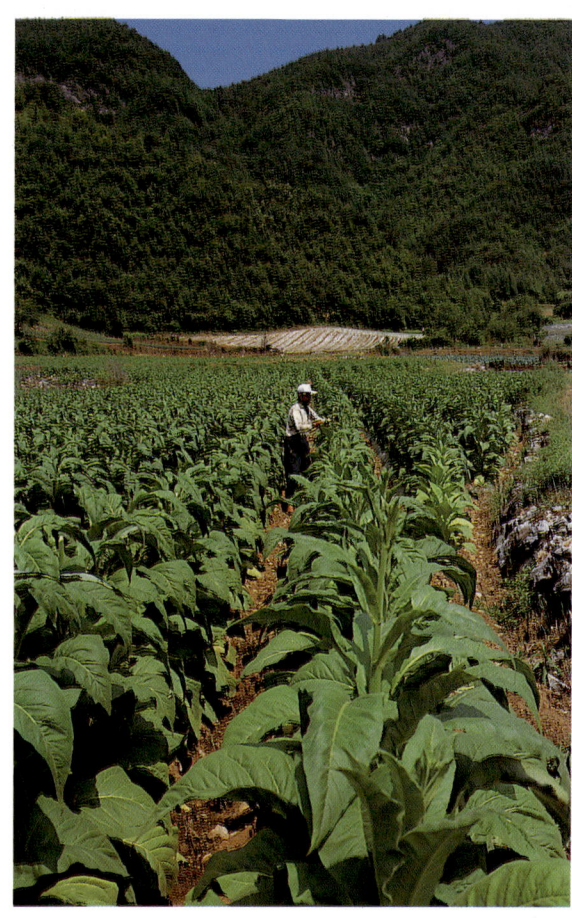

잎담배 마하리 사
람들은 잎담배 등
밭농사를 주업으로
살아가고 있다.

두메산골이었다. 마하리에는 지금 30여 가호만이 사는데 대부분은 고
추, 옥수수, 콩, 채소 등과 잎담배를 재배하고 있다.

영월군 영월읍 문산리의 마을

문산리는 일제시대에 문천리(文川里)와 거산리(巨山里)를 병합하면

크기는 길이 263센티미터, 폭 254센티미터, 두께 70센티미터로 동강 유역에 있는 고인돌 가운데 규모가 가장 크다. 덮개돌 동쪽은 주먹돌로 채워져 있지만, 서쪽은 길이 163센티미터, 두께 32센티미터의 받침돌이 있다. 이 고인돌에서 남쪽으로 10여 미터 거리에는 길이 200센티미터, 폭 130센티미터에 이르는 고인돌이 동쪽으로 비스듬히 누운 상태로 있다.

돌무지무덤

동강 유역에서 조사된 초기 철기시대의 대표적인 유적으로는 신동읍 덕천리 바새에 있는 돌무지무덤을 들 수 있다.

바새 북쪽 산자락으로 펼쳐진 솔밭과 사과나무 밭 사이에는 돌무지

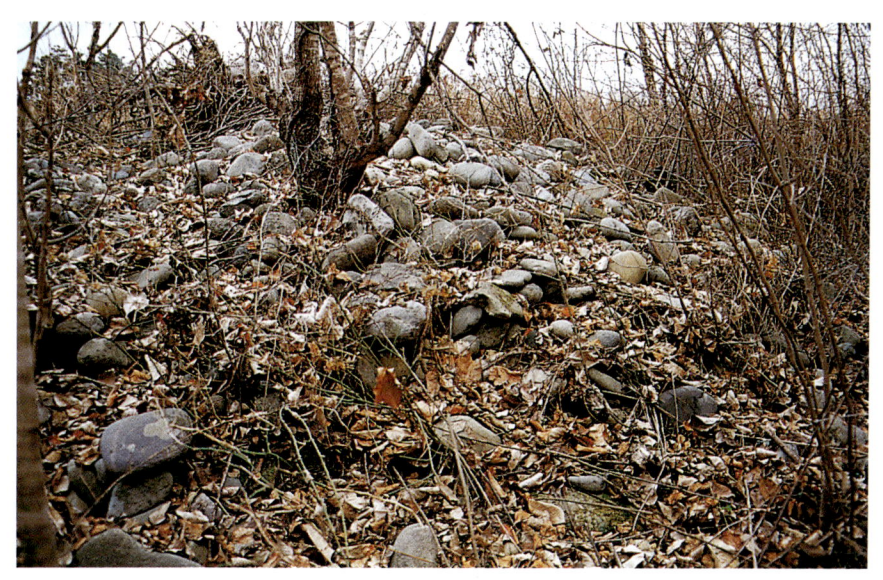

돌무지무덤 초기 철기시대 사람들의 무덤으로 보이는 돌무지무덤은 강가에서 주워온 주먹돌로 쌓았다.

무덤 1곳이 있다. 돌무지무덤에서는 초기 철기시대의 토기 조각 등이 발견되었다. 무덤을 쌓은 돌은 모두 강돌로 높이가 0.7센티미터에서부터 2미터에 이르고, 직경이 2미터에서 7미터에 이른다. 아득한 옛날 선사인들이 살기에 적합한 지형적 요건을 갖춘 이곳에 마을이 형성되었고, 북쪽에 돌을 쌓아 무덤을 쓴 것으로 추측해 볼 수 있다.

바새에서 상류인 정동쪽 약 1킬로미터에는 제장마을이 있는데, 이 마을에서 남서쪽으로 약 4백여 미터 떨어진 산자락에도 돌무지 1기가 있다. 강가에서 주워온 주먹돌을 쌓아 만든 것으로 동서 방향으로 긴 타원형을 이루며, 직경 10미터, 높이 2.2미터에 이른다.

고성리산성

강원도 지방기념물 제68호인 고성리산성은 고방마을 앞 425미터의 산에 있는 성이다. 정확한 축성 연대를 알 수 없으나 삼국시대 고구려가 남진을 하면서 후방 기지 역할을 했던 요새로 추측된다. 5, 6세기 당시 고구려와 신라는 한강 유역을 확보하기 위해 밀고 밀리는 접전을 펼쳤는데, 고성리산성은 전략적으로도 중요한 거점이었다. 당시 고구려는 한강 상류를 따라 남하하면서 충북 영춘에 온달산성을 전진기지로 삼고 영월 뱃나들이(옛날 단양쪽에서 배가 드나들던 곳)의 대야리산성, 정양리의 왕검성, 삼옥리의 완택산성, 신동읍의 고성리산성을 연결해 한강 유역을 확보하려고 애를 썼다.

축조 방식은 장방형의 모가 난 큰돌을 아래에 쌓고 위로 올라갈수록 10~15도 정도 기울여 쌓는 물림쌓기 방식이다. 가파른 곳은 지형 지세를 이용해 흙을 다져 쌓았고 나머지 부분은 네 곳으로 나눠 쌓은 것이 특징이다. 또 남쪽 방향의 성 서쪽 끝은 치성(雉城)으로 되어 있어 독특한 구조를 보여 주고 있다.

성 위에서 보면 동강의 상류가 눈에 들어오며, 남쪽으로는 구례기고

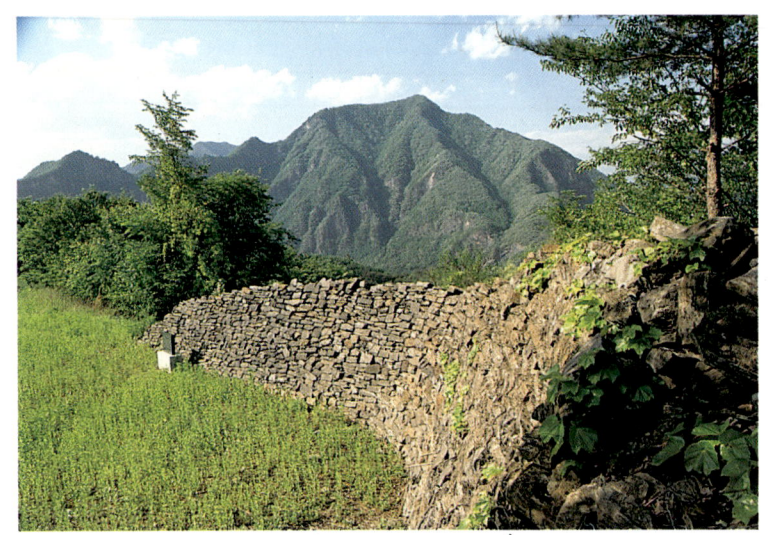

고성리산성 백운산을 배경으로 곡선의 아름다움을 보여 주고 있다.

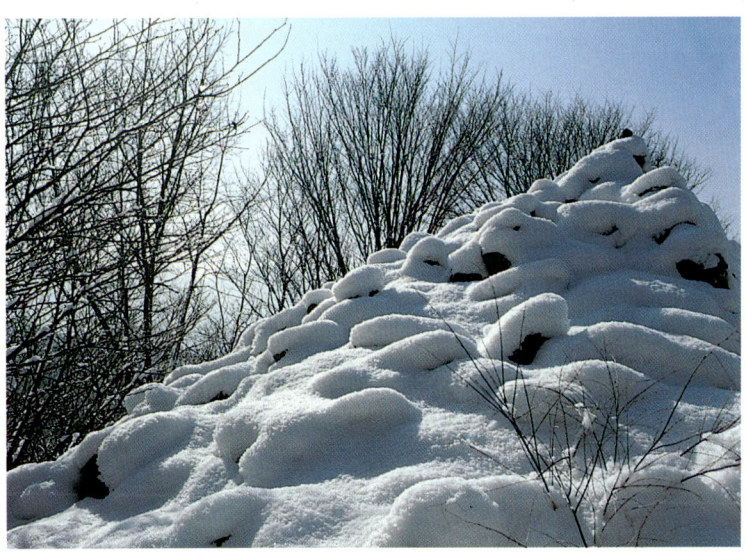

무너진 성곽 무너진 모습을 숨기려는 듯 고성리산성이 눈에 덮여 있다.

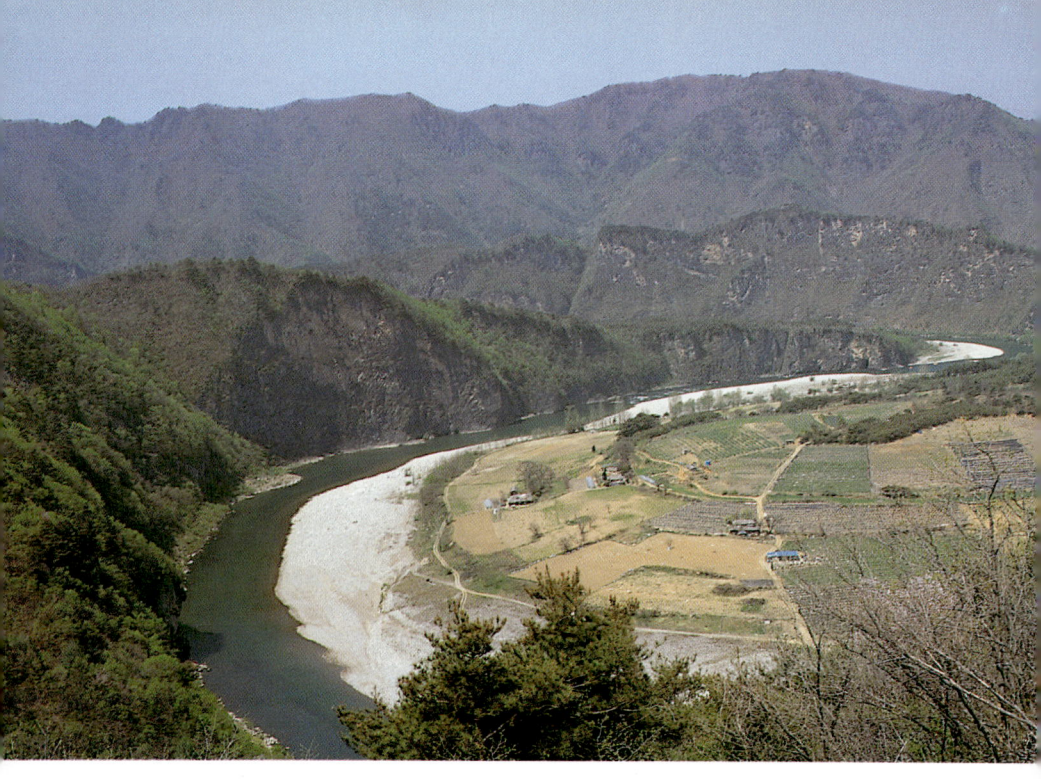

하방소 고성리산성에서 내려다본 하방소이다. 강물이 에돌아 흐르는 절벽과 덕천리 제장 마을이 한눈에 들어온다.

개를, 서쪽으로는 절벽 아래로 굽이돌아 내려가는 물줄기와 빼곡히 겹쳐진 산을 조망할 수 있는 천연의 요새라고 할 수 있다.

1993년부터 고성리 주민들이 힘을 모아 고성산성제를 열고 있다.

완택산성

완택산성은 영월읍 삼옥리 작골 동쪽으로 솟아 있는 해발 916.1미터의 완택산 정상부에 있는 석축(石築) 산성을 일컫는다.

『동국여지승람』에는 완택산성에 대해 "돌로 쌓았으며, 둘레가 3,477척이다. 3면이 석벽으로, 전하는 말에 따르면 합단(哈丹)이 쳐들어왔을 때 마을 사람들이 이곳에 피신했다"고 기록되어 있다. 기록에서 보듯 완택산 정상부의 험준한 지형을 이용해 쌓은 이 성은 동쪽과 남쪽, 서쪽은 절벽으로 되어 있고, 북쪽 또한 경사가 심해 천험(天險)의 요새로 손색이 없다. 정상 남쪽 8부 능선에서 보면 거운리, 삼옥리 등 동강 하류 유역은 물론 영월읍 연하리 꽃밭머리 일대가 한눈에 들어온다. 여기서 서남쪽 능선을 따라 내려가면 흙을 다져 쌓은 토성의 흔적도 남아 있고 경사지 아래에는 분지가 있다. 분지 곳곳에는 본영지(本營地)로 추측되는 둥그스레한 강돌이 넓게 분포되어 있다.

완택산성은 성 주위 곳곳에 돌로 쌓거나 흙으로 다진 요새가 있어 동강 유역의 중요성을 무언(無言)으로 말해 준다.

금강정
봉래산 자락 강변 기암절벽 위에 있는 금강정(錦江亭)은 조선시대의

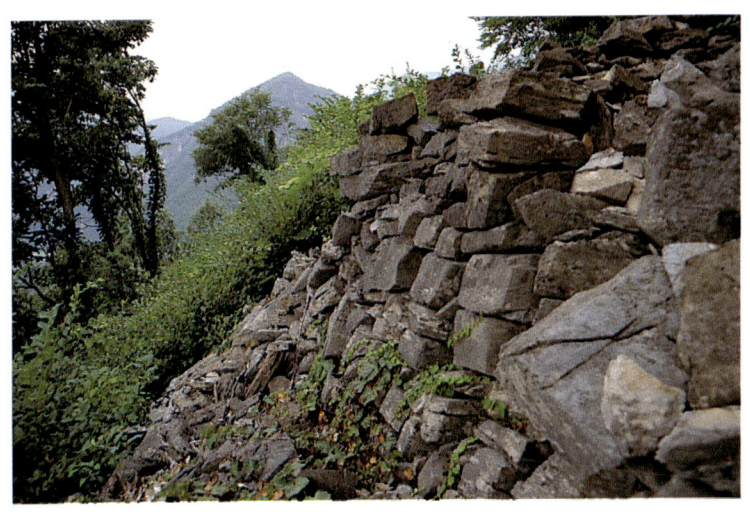

완택산성 완택산 정상부의 험준한 지세를 이용해 쌓은 완택산성은 곳곳이 무너진 채 방치되어 있다.

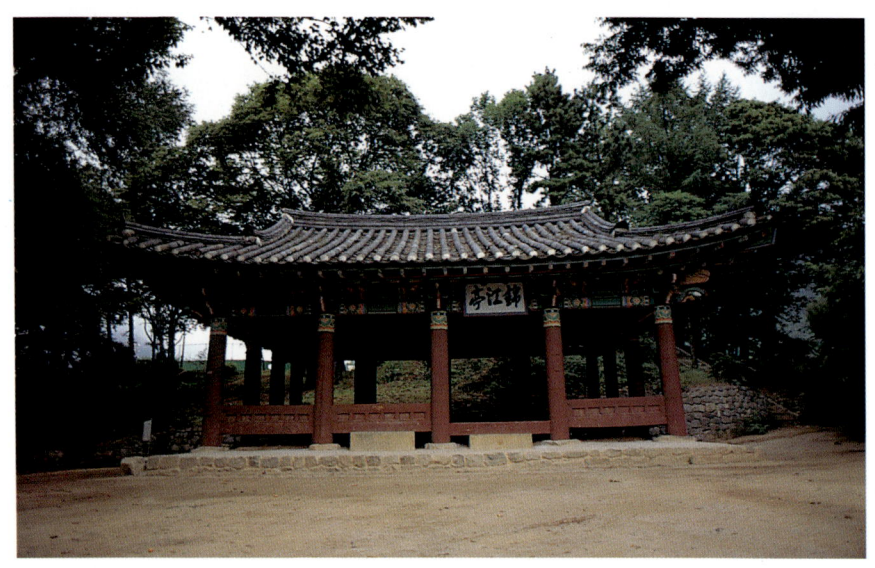

금강정 절벽 아래로 흐르는 동강 물길과 어우러진 금강정은 동강 유역에 하나뿐인 조선시대 정자다.

정자로 강원도 지방문화재자료 제24호로 지정되어 있다. 세종 10년 (1428) 군수 김복항(金福恒)이 창건하였다고 하나 어떤 사람은 군수 이자삼(李子三)이 절벽 아래로 흐르는 금장강의 아름다움에 반해 자기 돈을 들여 정자를 짓고 금강정이라 했다고도 한다.

정면 3칸, 측면 3칸의 익공(翼工) 양식 건물로 바닥은 마루로 깔았으며, 처마는 겹처마에 팔작지붕이고 부재의 끝부분에만 여러 무늬를 놓고 갖가지 색으로 그린 모로(毛老)단청을 하였다.

금강정 주위로는 봄철이면 벚꽃이 만발해 아름다움을 더한다.

낙화암과 민충사

금강정에서 동쪽에 있는 절벽이 낙화암이다. 1457년 10월 24일 단종

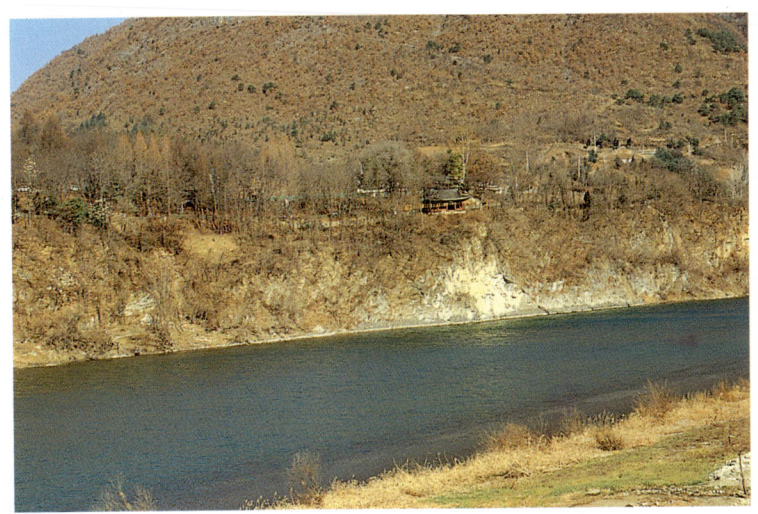

낙화암 단종을 모시던 시녀와 시종이 단종의 승하 소식에 몸을 던진 곳이다.

이 관풍헌(觀風軒)에서 승하하자 단종을 모시던 자개(者介), 궁비 불덕(佛德), 관비 아가지(阿加之), 무녀 용안(龍眼), 내은덕(內隱德), 덕비(德非) 등 궁녀 6명과 시종 1명이 푸른 강물에 몸을 던져 순절했다. 이들이 떨어지는 모습이 마치 꽃이 떨어지는 것과 같다고 하여 낙화암이라 부르게 되었다.

낙화암에서 순절한 시녀와 시종의 넋을 기리기 위해 영조 13년(1742)에 홍영보가 금강정 바로 뒤 언덕에 민충사를 창건했으며, 정조 15년(1791)에 부사 박기정이 개축하였다.

민충사는 강원도 지방문화재자료 제27호로 지정되어 있다.

월기 경춘순절비

낙화암 위쪽에는 '월기 경춘순절지처(越妓瓊春殉節之處)'라고 새겨진 빛 바랜 비석이 하나 서 있다. 약 2백여 년 전 영월부사 신광수(申光洙)의 수청을 거절하고 낙화암에 몸을 던진 기생 경춘(瓊春)의 순절을 기리기 위해 세운 비(碑)이다.

경춘의 본명은 노옥(魯玉)으로 평소 단종을 추모하며 자식을 얻고자 했던 아버지 고순익(高舜益)이 단종 사후 300년이 되던 해 기일(1757년 10월 24일)에 딸을 얻게 되자, '노산군(魯山君)이 점지해 준 옥(玉) 같이 귀한 자식'이라는 뜻으로 붙인 이름이다. 선비 집안에서 글을 배우며 성장하던 노옥은 다섯 살 되던 해에 어머니를 여의고 3년 뒤 아버지마저 죽자 어린 남동생을 데리고 살길이 막막했다. 의지할 데가 없는 노옥은 이웃에 사는 추월(秋月)이라는 늙은 기생의 수양딸이 되었다. 그러나 양모마저 나이가 들어 생활이 넉넉하지 않자 노옥은 어쩔 수 없이 '경춘'이라는 이름의 기생이 되었다.

열여섯 살이 되던 해 경춘은 장릉에서 영월부사 이만회(李萬恢)의 아들인 이수학(李秀鶴)과 만나 사랑에 빠지게 된다. 영월부사인 아버지가 한양으로 영전하자 이수학은 과거에 급제를 하고 나서 백년가약을 맺겠다는 약속을 하고 한양으로 올라간다.

새로 부임한 부사가 병으로 죽고 후임으로 문장가인 신광수가 영월에 부임하여 경춘에게 수청 들기를 강요하자 그녀는 전임 부사의 아들인 이수학과의 관계를 말하고 거절을 한다. 그러나 부사는 이를 허락치 않고 볼기를 때리는 등의 벌을 내린다. 또한 계속 수청을 들지 않을 경우 죽이겠다고 하자 경춘은 부모님의 산소에 가 하직인사를 한 뒤 동생의 머리를 마지막으로 빗겨준 다음 이수학이 한양으로 가며 준 사랑의 증표를 몸에 지닌 채 낙화암 절벽에서 몸을 던진다. 이때가 경춘의 나이 16세인 1772년 10월이었다.

경춘이 순절한 지 24년이 지난 정조 19년(1795) 순찰사 손암(遜岩) 이공(李公)이 영월을 지나는 길에 이 이야기를 듣고 "미천한 신분인데

수수를 살짝 덮어 주라고 시켰다. 시어머니의 말을 거역할 수 없는 며느리는 시어머니가 시키는 대로 했다. 스님이 며느리가 준 것을 받고 돌아서려는 순간, 며느리는 양심의 가책을 느꼈다. 그리고는 시어머니 몰래 쌀을 퍼주었다. 스님은 며느리를 한참 동안 쳐다보더니 자기를 따라오라고 했다. 따라올 때는 절대로 뒤를 돌아보지 말라고 일러 주었다. 며느리는 뒤를 돌아보고 싶었으나 스님의 말대로 꾹 참았다. 그러나 산모퉁이를 돌아서려고 할 무렵 도저히 참을 수가 없어 뒤를 돌아보았다. 그러자 자기가 살던 집은 온데간데 없었다. 그 자리엔 물이 고인 연못이 있었다. 그때부터 이 연못에는 물이 마르면 비가 오고, 물이 넘치면 해가 쨍쨍 난다고 한다.

아기장수

거운리에는 아기장수의 전설과 함께 백마가 나와 뛰어다니다가 죽었다는 용마굴이 있다. 그러나 마을 사람들이 벌초를 해주었다던 아기장수의 무덤은 오랜 세월이 흐르는 동안 사라졌고, 지금은 전설로만 남아 있다.

옛날 거운리에 살던 정씨가 아들을 낳았다. 낳은 지 3일 만에 아이는 선반 위에 올라가 병정놀이를 하는 등 보통 아이와는 달랐다. 집안에서는 조숙한 아이를 낳아 대견하기도 했으나 한편으로는 겁이 났다. 아이의 할아버지는 집안에 장사가 태어나는 것은 심상치 않은 징조라고 근심하기 시작했다. 집안에 장사가 나면 역적이 된다고 해 무사하지 못하리라는 것을 알고 있었다.

하루는 잠을 자다 깨어보니 아이가 사라져 부모들은 깜짝 놀랐다. 마을에서 삼십 리 길 영월을 단숨에 다녀오는 걸 알고는 부모는 더 이상 아이를 방치하면 안 되겠다고 생각하고 아이를 죽이기로 했다. 아이를 큰 연자방아로 눌러 놓았으나 들썩대며 죽지 않았다. 그러던 어느 날,

아이에게 독한 술을 3일 동안 마시게 했다. 아이가 술에 취해 잠이 든 다음 겨드랑이를 보니 참새 날개만한 죽지가 있었다. 그 죽지를 인두로 지져버리자 아이는 죽고 말았다. 아이가 죽은 지 사흘이 지나자 거운리 용마굴에서 흰 말 한 마리가 뛰쳐나와 만지 쪽으로 뻗은 산능선을 울부 짖으며 달리다가 죽었다고 한다.

동강 12경

　동강이 시작되는 정선읍 가수리에서부터 영월 읍내에 이르는 물길은 아름다움이 빼곡하다. 경치가 좋기로 이름난 것은 물론이려니와 역사와 민속학적 가치가 있으며 학술 및 관상적 가치가 높은 동물의 종과 서식지, 식물의 개체와 종 및 자생지, 지질 및 광물을 보호하기 위해 법률로 정한 천연기념물(天然記念物)이 남아 있다. 이와 같은 동강의 가치를 제대로 알리고 이를 통해 동강의 자연 환경을 보호하기 위해 선정된 것이 '동강 12경'이다.

제1경 가수리 느티나무와 마을 풍경
　동강 주변에 있는 마을 가운데 가수리 수미는 아름다움과 평화로움이 깃든 대표적인 마을이다. 강을 끼고 서로 마주보는 마을로, 가수분교 정문 옆에 서 있는 느티나무는 수백 년 동안 꿋꿋하게 지켜온 마을의 역사를 말해 주고 있다. 사시사철 마을 앞길을 오가는 사람들은 한 번쯤 나무 아래 들러 쉬면서 마을 앞 강을 오가는 줄배에 마음을 싣기도 한다.
　물이 아름답다는 수미마을은 이름에서부터 아름다움이 느껴진다. 수

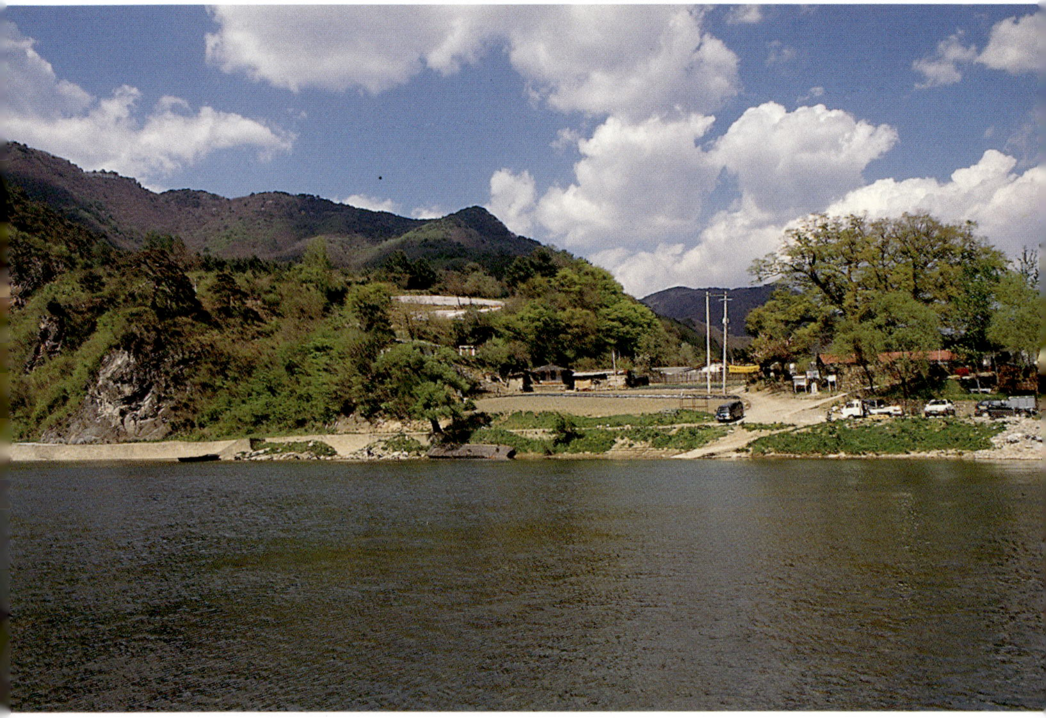

가수리 가수분교 정문 옆에 선 느티나무는 가수리의 평화로움을 한층 더해 주고 있다.

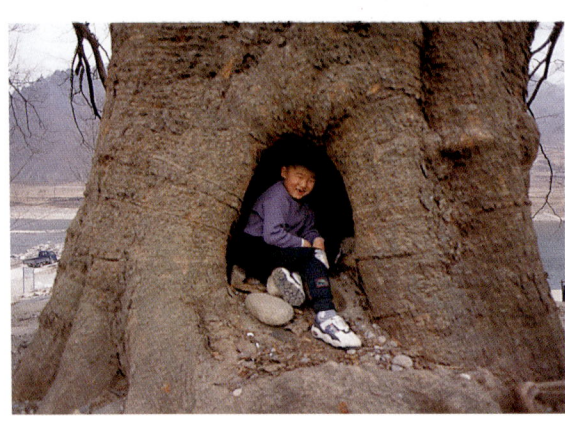

느티나무 어린아이가 충분히 들어갈 수 있는 느티나무는 마을의 유구한 역사를 말해 주고 있다.

미마을의 본래 이름인 '수며'는 삼국시대에 생겨났지만, 마을의 역사는 이보다 훨씬 더 길다. 강 건너편 뒷대벌마을 앞을 굽이도는 강변에서는 이미 철기시대부터 사람이 살았음을 보여 주는 흔적이 발견되기도 했다.

유구한 역사와 더불어 가수리의 상징이 되는 것은 오송정(五松亭)과 돌너와집이다. 굴암리 쪽에서 가수리로 들어오는 길 옆에는 깎아지른 듯한 붉은 뼝대가 서 있으며, 그 끝에는 본래 다섯 그루였다가 큰 재난이 닥치면서 하나씩 죽고 지금은 세 그루만 남아 있는 오송정이 있다.

오송정 아래에 있는 돌너와집도 옛 모습을 잘 간직하고 있다. '돌능애집' 또는 '청석집'으로 불리는 돌너와집은 천년을 버틴다는 집이다. 집주인조차 언제 지었는지를 확실히 알지 못할 정도로 연륜이 쌓인 집이다. 동강 유역에서 흔히 볼 수 있었던 돌너와집도 이제는 가수리 등 몇몇 곳에서나 볼 수 있는 명물이 되었다.

수미마을은 마을 규모에 비해 사람들이 그다지 많지 않다. 지금은 보기 힘든 기름먹인 목재로 지은 가수분교에도 예전만큼 아이들의 목소리가 들리지 않는다. 농사일이 버거워 줄줄이 고향을 떠난 때문이기도 하다.

떠나지 않은 사람들은 오늘도 도도히 흐르는 강물을 오가는 줄배에 마음을 싣곤 한다.

제2경 운치리 수동 섶다리

동강의 다리 가운데 가장 빼어난 다리는 뭐니뭐니 해도 신동읍 운치 2리의 섶다리일 것이다. 해마다 음력 9월 중순에 놓는 섶다리는 강 주위가 얼어 배가 뜨지 못하는 겨울을 나기 위해 놓는 다리이다. 이듬해 여름 장마로 물살에 휩쓸려 떠내려갈 때까지 매서운 겨울 강바람을 견뎌야 하는 다리이다. 수백 년을 거쳐 오며 찬이슬만 내리면 놓는 다리

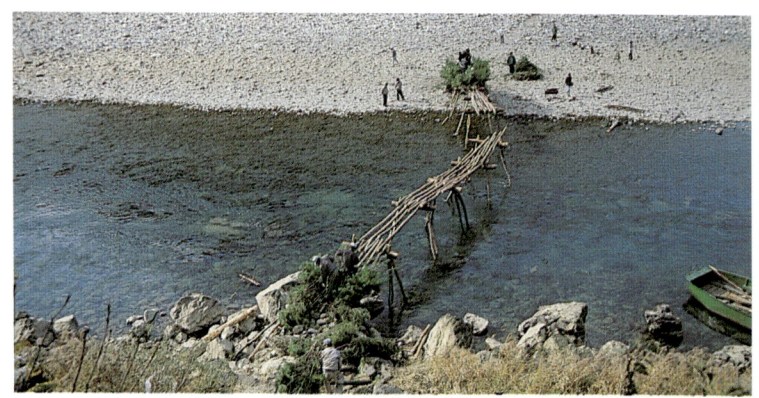

섶다리놓기 강 주위가 얼어 배가 뜨지 못하는 겨울을 나기 위해 늦가을이면 마을 사람들은 힘을 모아 섶다리를 놓는다.

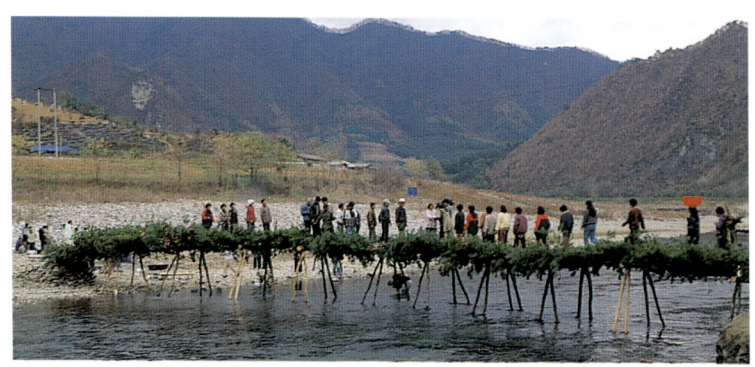

시교식 섶다리를 놓고 강 양쪽 마을 사람들이 다리를 오가며 인사를 나눈다.

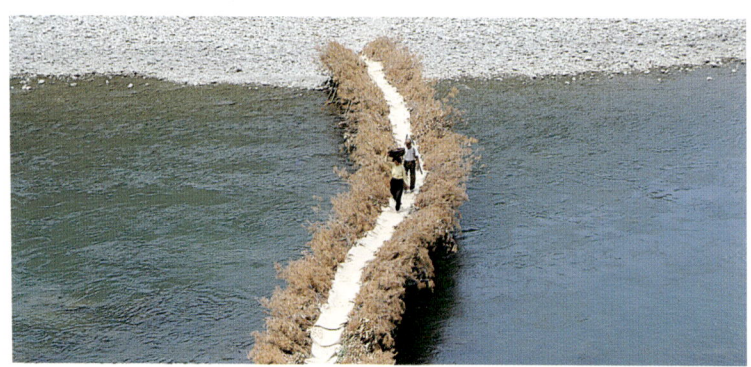

섶다리의 봄 겨울을 나고 갈색으로 변한 섶다리 위를 오가는 노인의 모습은 한 편의 서정시를 연상케 한다.

이다 보니 모양도 그때마다 제각각이다. 어떤 때는 구름다리 모양으로 가운데가 높았고, 또 어떤 때는 휘고 구부러져 곡선미를 더하곤 했다. 산에 널려 있는 목재를 눈대중으로 잘라 만들다 보니 모양은 들쑥날쑥했지만 보면 볼수록 새로웠다.

다리를 놓는 날이면 아침 일찍부터 마을 남자들은 지게와 경운기로 통나무를 옮겨 왔고 여자들은 가마솥을 걸고 음식 준비에 부산했다.

둘레가 15센티미터 정도 되는 Y자형 나무 두 개를 한 짝으로 하여 교각을 세우고 그 위로 잘 휘는 소나무로 상판을 얹는다. 그리고 소나무 가지와 떡갈나무 가지로 상판을 덮고 마대(굵은 삼실로 짠 포대)에 흙을 담아 나뭇가지가 떨어지지 않게 눌러 놓는다. 물의 흐름에 견딜 수 있도록 가운데는 높게 상류쪽은 불룩하게 놓은 다리 위에 올라서면 속이 울렁거리지만 다리 양옆으로 뻗은 소나무 가지가 물살을 가려 두려움을 덜어 준다.

다리를 놓고 나서는 마을 주민들이 모여 한바탕 잔치를 벌인다. 다리를 사이에 둔 수동과 번들마을 사람들이 다리를 오가며 인사를 나눈다.

섶다리를 건너 오가는 마을 주민들의 모습은 한 편의 서정시와도 같다. 그러나 그 서정시를 읽는 것과는 달리 농촌 사회의 고령화와 문명의 편리함으로 동강 물길에 흔했던 섶다리는 수동과 연포 등지에서나 겨우 볼 수 있는 정경이 되었다.

제3경 나리소와 바리소

신동읍 고성리에서 운치리로 넘어가는 나리재 왼쪽 아래에 있는 나리소는 동강 유역의 산세를 가장 가까운 거리에서 확인할 수 있는 곳이다. 가수리 쪽에서 흘러 내려오는 동강 물길이 벼랑에 막혀 휘돌면서 이루어 놓은 큰 소와 강변의 기암절벽, 백운산 자락의 소나무 숲이 어울린 경치는 이루 표현할 수 없을 만큼 아름답다.

나리소는 동강 물길 가운데 물굽이가 심한 사행천(蛇行川)이 본격적으로 시작되는 곳으로, 상류에서 백운산이 빚어 놓은 수직 절벽인 검은 뼝대와 그 아래로 흐르는 옥빛의 중바닥여울과 어울려 비경(祕境)을 연출한다. 그리고 물이 깊고 조용한 까닭에 절벽 아래에 이무기가 살면서 물 속을 오간다는 이야기가 전해 온다. 마을 노인들에 따르면 절벽 아래의 물에 잠겨 있는 굴에는 큰 물뱀이 살면서 해마다 3~4월, 용이 되기 위해 운치리 점재 위에 있는 용바우로 오르내렸다고 한다. 30여 년 전 읍내 사람들이 나리소에서 고기를 잡기 위해 '꽝(다이너마이트)'을 터뜨리자 온 강물이 붉어지고 뱀 토막으로 보이는 살점들이 강 아래로 떠내려갔다고 한다. 그뒤로는 물빛도 예전과 달리 깊은 맛이 흐려졌다.

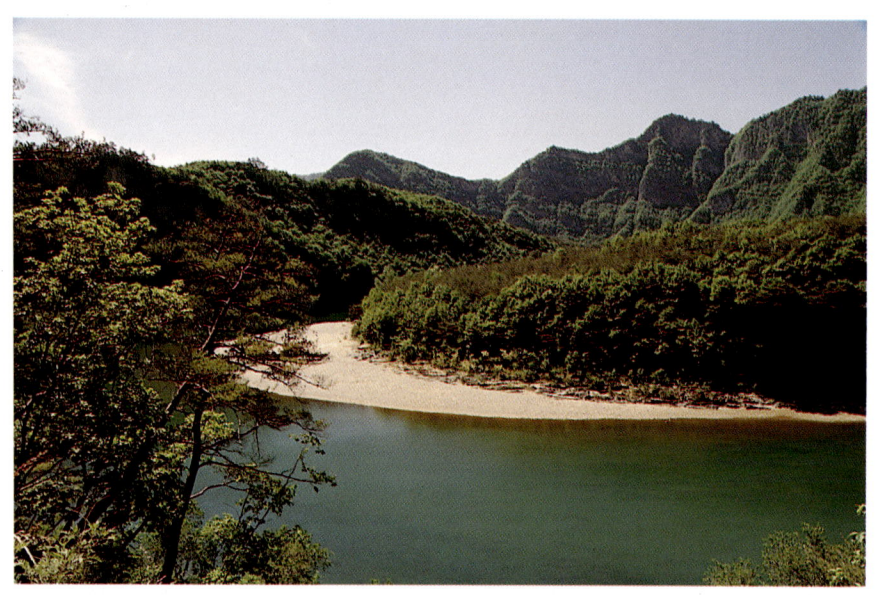

나리소 이무기가 살면서 물 속을 오간다는 전설이 깃든 곳이다.

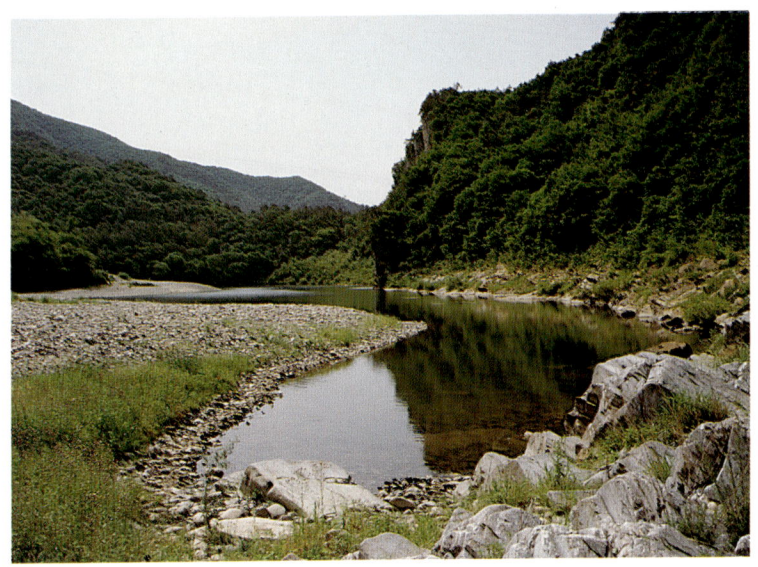

바리소 물이 흐르지 못하고 고인 모습이 놋쇠 밥그릇인 바리를 닮았다고 해서 생긴 명칭이다.

소골마을 쪽으로 향한 소의 모양이 놋쇠로 만든 밥그릇인 바리와 닮았다고 해서 생겨난 바리소는 나리소 바로 아래에 있다. 주변에 펼쳐진 암반 때문에 물이 흐르지 못하고 고여 깊은 소를 이룬다.

제4경 백운산과 칠족령

고성리에서 운치리로 넘어가다 보면 왼쪽으로 높게 솟은 산이 한눈에 들어오는데 바로 이 산이 해발 882.5미터의 백운산이다. 마을 사람들이 흔히 '베비랑산'이라고 하는 이 백운산은 비행기를 타지 않고 동강을 굽이도는 물길을 가장 잘 관찰할 수 있는 산이다.

백운산 능선에서 보면 소골과 제장마을을 돌아 백룡동굴 쪽으로 흐르는 동강 물줄기가 파노라마처럼 펼쳐진다. 벼랑에 숨바꼭질하듯 몸

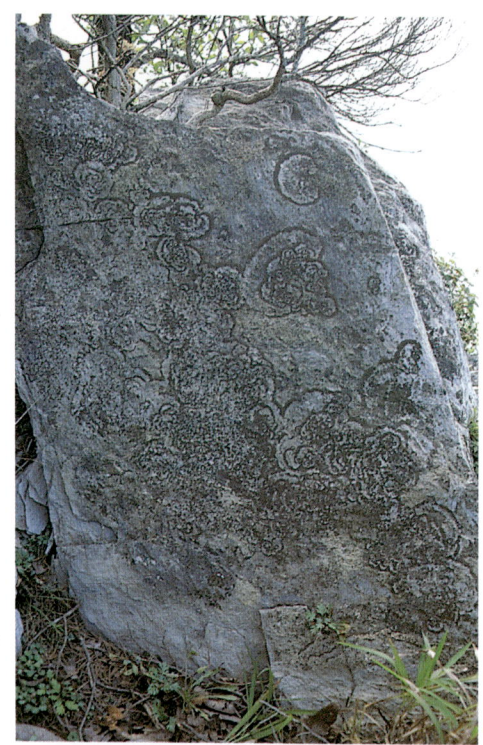

석화 백운산 중턱의 바위 위에 핀 돌꽃은 마치 당초무늬와 같다. (옆)

칠족령 백운산 자락이 물굽이에 의해 수직으로 깎여 형성된 칠족령은 덕천리를 병풍처럼 감싸고 있다. (아래)

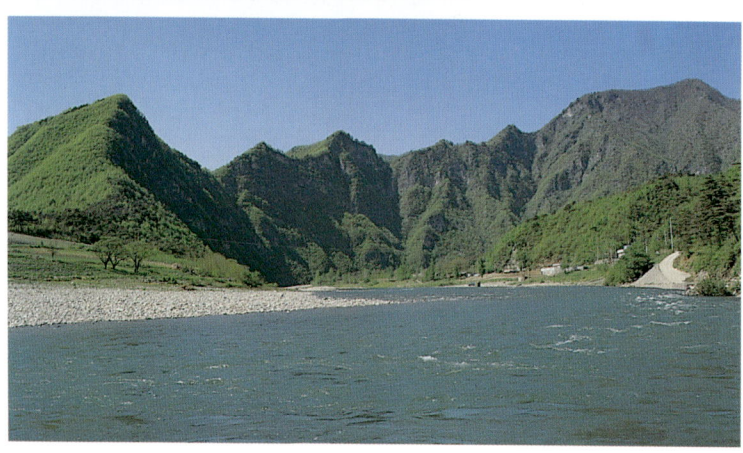

을 숨기고 이리저리 도는 물줄기는 입에서 연발하는 감탄사와 함께 평온하고 유유(悠悠)한 동강의 흐름을 느낄 수 있다.

백운산 정상으로 향하는 능선을 타고 가다 보면 평평한 바위 위에 핀 돌꽃〔石花〕을 볼 수 있는데, 마치 옛날 사람들이 새겨 놓은 은은한 당초무늬와도 같은 착각이 들 정도다.

백운산은 정상에서 보면 동서쪽으로 멀리 운치마을 전체가 한눈에 들어오고 북쪽의 산세까지 훤히 꿰뚫어 볼 수 있다. 또 남서쪽으로는 거대한 봉우리가 죽순처럼 솟아난 칠족령을 거느리고, 북동쪽으로도 강인한 모습으로 뻗어 있는 산들이 있다.

칠족령은 덕천리 소골과 제장마을을 둘러싼 웅장한 병풍과도 같다. 옛날 제장마을에서 옻을 끓이던 이진사집 개가 발바닥에 옻을 묻힌 채 고갯마루를 올라가며 발자국을 남겼다고 해서 옻 칠(漆) 자와 발 족(足) 자를 써 '칠족령'이라 했다는 이야기가 전해 온다. 칠족령 능선 위로는 미탄면 마하리 양지 뉘룬마을과 덕천리 제장마을로 넘어가는 길이 나 있다. 백운산 정상에서 칠족령 능선을 타고 가다보면 소골마을이 한눈에 들어온다. 산세가 험한 만큼 사람의 손길을 타지 않아서 곳곳에 동식물의 자연 생태계가 원형 그대로 보존되어 있다.

백운산에서 칠족령으로 이어지는 길은 칼날 같은 능선이 나 있어 위험하기도 하지만, 시원하게 다가오는 동강 물길과 골짜기마다 펼쳐진 마을을 겸허하게 바라볼 수 있다.

제5경 고성리산성과 주변의 전경

고성리 고방마을 앞산에 있는 고성리산성은 규모면에서 큰 산성은 아니다. 언제 성을 쌓았는지에 대해서는 정확한 시기를 알 수 없으나 삼국시대 고구려와 신라가 한강 유역을 확보하기 위해 치열한 공방(攻防)을 펼칠 무렵 고구려가 쌓은 것으로 보인다. 그런데 고성리산성을

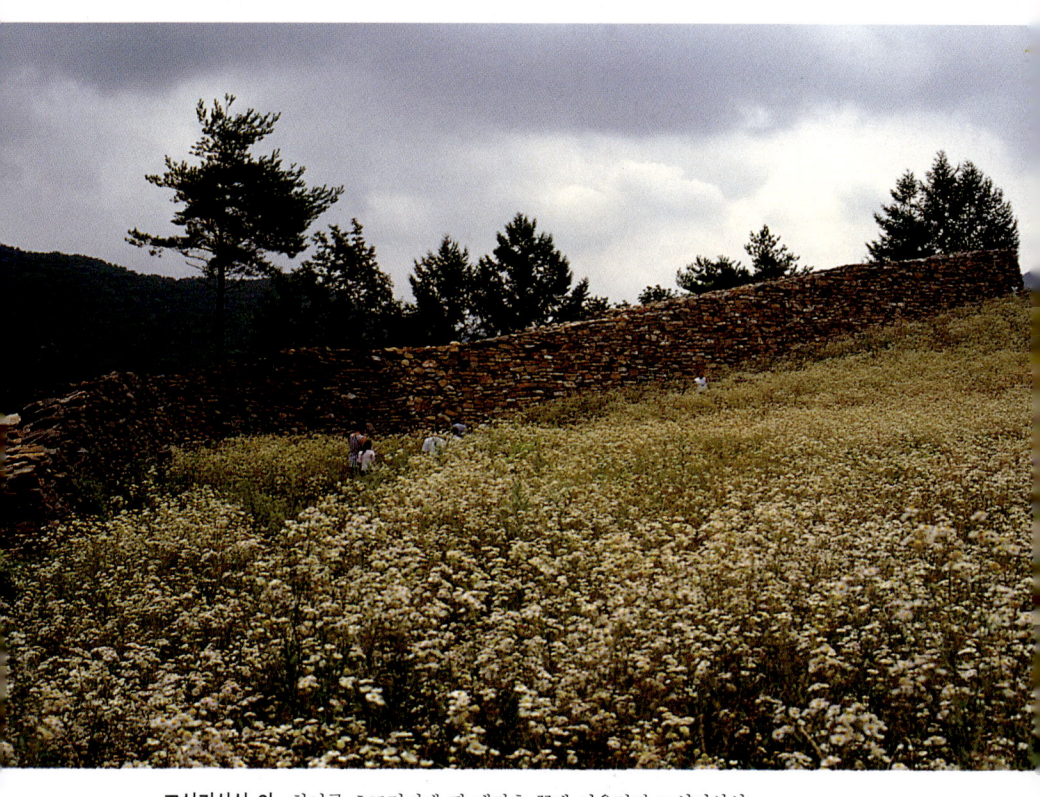

고성리산성 안 한여름 흐드러지게 핀 개망초 꽃에 어우러진 고성리산성.

둘러보면 누구나 어떻게 이런 곳에 성을 쌓았을까 하는 생각을 하게 된다. 진풍경을 찾아 성을 쌓았을 리는 없지만, 오늘의 모습은 사방의 전경에 취할 만하다.

성 위에서 보면 동쪽으로는 가수리에서 운치리 수동과 점치를 서두르지 않고 흐르는 강 상류가 훤히 들어오고 남쪽으로는 읍내로 향하는 구레기고개, 서쪽으로는 연포, 구포, 가정마을을 휘도는 물줄기가 겹겹의 벼랑에 몸을 숨긴다. 눈 아래로는 가파른 뼝대와 강물에 휩싸인 제장마을이 속살을 드러내고 있다. 강이 주는 넉넉함과 푸근함을 동시에 느낄 수 있는 마을이다. 오랜 옛날 이곳에 선 병사들은 천연의 요새에 선 자신의 모습에 가슴 뿌듯했을 것이다. 몇 년 전에는 성안에서 밭을 일구다가 여러 개의 돌화살촉을 발견했다.

1995년 강원도 지방기념물 제68호로 지정되었고, 1999년까지 무너진 부분 곳곳이 복원되었다.

제6경 바새마을과 앞 뻥창

고성리에서 연포 쪽으로 난 길을 따라 자르메마을과 덕내마을을 지나면 물렛재라는 큰 고갯길에 들어서게 된다. 물레에 실을 감듯 돌아간다고 해서 이름지은 물렛재는 몇 년 전까지만 해도 큰맘을 먹지 않고는 감히 넘을 수 없는 길이었다.

물렛재 정상의 허름한 성황당을 지나 아래로 내려가다 보면 바새마을 앞으로 흐르는 강 안에 또 다른 풍광이 펼쳐진다. 덕천리 나리소에서 소골과 제장을 힘겹게 돌아온 물길이 바새에 이르러 힘겨운 몸을 푼다. 마을 사람들이 '앞뻥창'이라고 부르는 바새 앞 강을 따라 길게 이어진 절벽은 동강에서 흔히 볼 수 있는 깎아지른 듯한 절벽과는 달리 수직으로 골이 파여 있어 더욱 진풍경을 자아낸다.

이곳 마을의 노인들은 앞뻥창이 그저 밋밋한 절벽이었다고 한다. 그런데 아득한 옛날 뻥대 위를 지나던 마고할미(늙은 선녀)가 잃어버린 은가락지를 찾기 위해 큰 손가락으로 벅벅 긁어 놓아 지금과 같이 골이 깊어졌다고 한다.

바새마을에는 앞뻥창을 배경으로 한 강 외에도 마을 앞으로 아름답게 펼쳐진 강변 자갈밭이 있다. '장광'이라고 불리는 이 몽돌밭은 해마다 옷을 갈아입는다. 여름 장마에 큰물이 나면 그 동안 눈에 익었던 돌들은 또 다른 돌로 자리를 채운다. 자연 하나하나에서 느낄 수 있는 이

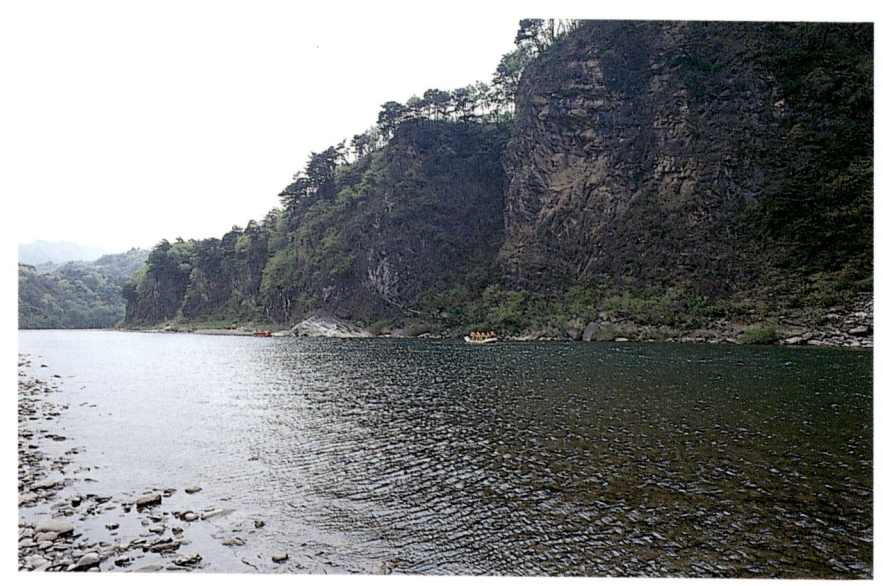

앞뻥창 바새마을을 둘러싼 기암절벽은 옛날 절벽 위를 지나다가 은가락지를 잃어버린 마고할멈이 반지를 찾기 위해 긁어 놓아 지금처럼 되었다고 한다.

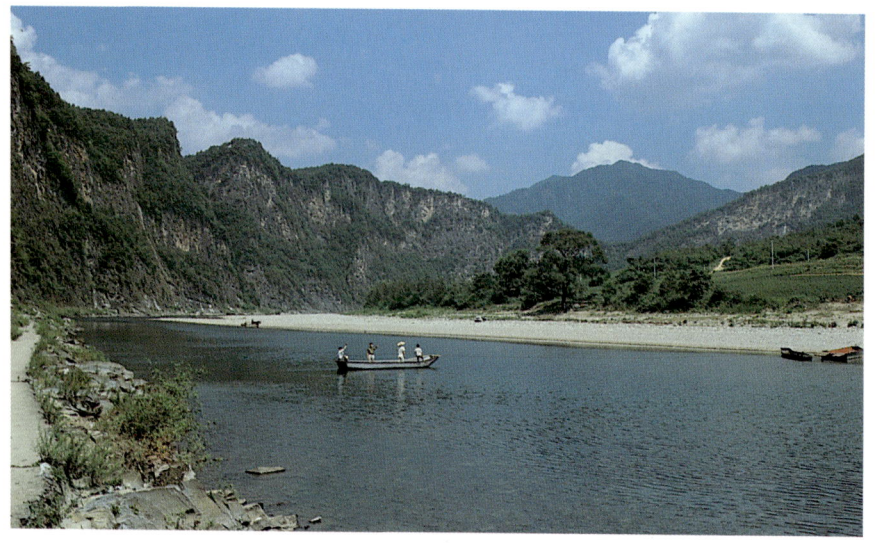

바새 나루터 연포와 바새마을을 잇는 줄배는 기암절벽과 어우러져 한 폭의 산수화와 같다.

러한 변화는 바새마을과 앞뺑창을 언제 보아도 늘 새롭게 한다.

제7경 연포마을과 황토담배 건조장

동강 물길이 빚은 마을 가운데 유독 연포마을만은 하루에 해가 세 번 뜬다고 한다. 강물이 굽이도는 마을 앞 강변으로 펼쳐진 칼봉과 작은 봉, 큰봉 위로 차례로 해가 뜨다 보면 봉우리에 가려 어두워졌다가 다시 밝아지는 과정을 세 번이나 되풀이하기 때문이다.

바새에서 줄배로 건너야 하는 연포는 이렇듯 높은 봉우리가 빚은 낭떠러지가 많아 옛날부터 '베르메'라고 불렸다. 낭떠러지를 뜻하는 '베루'와 산을 뜻하는 '뫼'가 합쳐진 이름만 봐도 산과 벼랑으로 첩첩이 둘러싸인 마을임을 알 수 있다.

10여 가구 남짓 살고 있는 연포마을은 연포분교 앞에 선 커다란 느티나무 아래서부터 시작된다. 지금은 잔잔히 흐르는 물길을 박차고 나는 호사비오리의 몸짓에 깜짝 놀랄 정도지만 불과 40여 년 전까지만 해도 떼꾼들로 붐비던 곳이다. 당시 떼꾼들을 상대하던 객줏집이 바로 느티나무 아래에 있는 집이다.

객줏집이 있던 자리 뒤로는 연포분교가 서 있다. 수년 전까지만 해도 20여 명의 학생들이 있었는데, 99년 9월 폐교될 때에는 3명의 학생들이 남아 있었다. 학교라고 해야 도시의 학교와는 사뭇 달랐다. 학년이 모두 다르다 보니 수업은 개인지도이고, 도시에서도 감히 하지 못하는 체험 학습과 현장 실습을 반복했다. 교사와 학생이 강에 나가 물고기를 잡기도 하고 내일 일을 토론하기도 했다. 그래서인지 어설픈 시골 아이들과는 달리 자기 주장이 뚜렷했다. 학업 성취도는 뒤로 하더라도 가장 개방적인 교육이 매일 반복되던 작은 학교였다.

'작은 것이 아름답다'는 교육의 모습을 보여 주던 이 학교도 소규모 학교 통폐합이라는 이름 아래 문을 닫았다. 남아 있던 학생들은 자기의

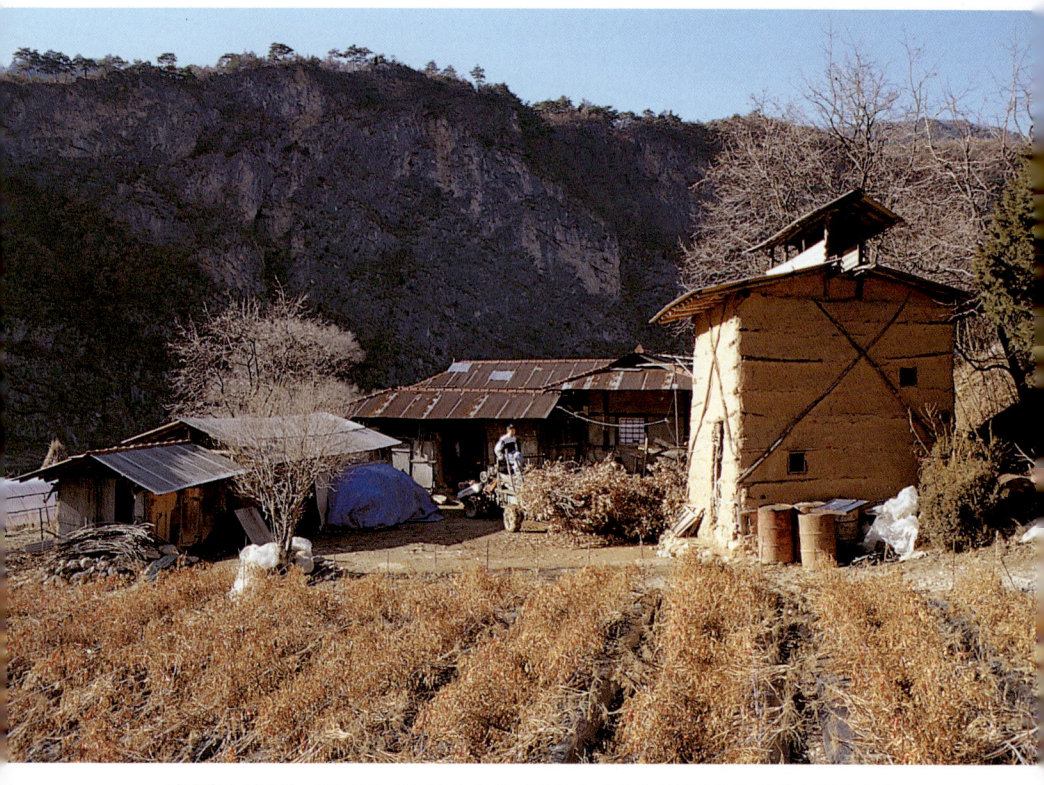

황토담배 건조장 잎담배를 건조하기 위해 진흙으로 지었던 건조장은 동강의 풍취와 조화를 이루는 건물이다.

뜻과는 관계없이 강을 건너고 고개를 넘어 30리 길이 넘는 학교를 오가느라 늘 고단한 모습이다.

　대부분의 동강 주변 마을과 마찬가지로 연포마을에도 쉽게 눈에 띄는 게 잎담배 건조장이다. 예전에는 잎담배를 재배했는데, 천재지변이 나면 정부가 보상을 해주고 수매(收買)도 확실하게 보장되었으니 괜찮은 벌이였다. 잎담배를 잘 말리기 위해서는 황토로 건조장을 지어야 했다. 보통 집의 지붕보다 훨씬 더 높게 기둥을 세우고 황토흙으로 벽돌을 만들어 쌓았다. 벽이 높다 보니 쉬 무너지지 않게 하기 위해 모서리를 가로질러 통나무를 대기도 하고 황토에 갈대나 속새 등을 섞어 흙의 결집력을 키우기도 했다. 벽에는 작은 문을 내고, 지붕 위로는 통풍구를 만들었다.

연포에 남아 있는 담배 건조장은 한결같이 옛 모습 그대로 남아 있다. 비록 지금은 창고로 쓰는 곳이 많지만, 황토벽에 걸어 놓은 옥수수 등의 곡식과 갖가지 연장은 산세를 빼닮은 주민들의 넉넉함과 함께 농촌 생활사 박물관의 한 부분이라고 해도 어색하지 않다.

제8경 백룡동굴

마하리 산 1번지 동강변에 있는 자연동굴인 백룡동굴의 입구는 해발고도 238미터 지점에 있으며, 동강의 수면에서 약 15미터 위에 있다. 동굴 입구의 좌우는 모두 절벽으로, 건너편 절매마을에서 배를 타고 가야만 접근이 가능하다.

지금도 절매마을에 살고 있는 정무룡 씨 형제는 1976년 여름 동강 역사에 굵직한 한 획을 그었다. 작아서 출입할 수 없던 동굴 통로 중간에 개구멍 정도의 구멍을 뚫어 동굴 내부의 규모와 경관을 학계에 처음 알렸기 때문이다.

백룡동굴이란 이름은 동굴을 배태(胚胎)하고 있는 백운산의 '백'자와 동굴을 발견한 정무룡 형제의 돌림자인 '룡'자를 따서 지어졌다. 백룡동굴 발견 소식이 전해지자 한국동굴학회는 부랴부랴 한·일 합동 동굴 조사를 실시하였고, 1년 만인 1977년 12월 이 동굴을 천연기념물 제206호로 지정하였다.

백룡동굴의 총길이는 1,240미터이며, 크게 3개의 굴로 이루어져 있다. 210미터가 되는 곳까지는 내부가 드러나 있고, 이 가운데 주굴의 길이는 780미터이다. 가지굴은 90미터, 199미터, 103.5미터로 조사된 바 있다.

백룡동굴이 다른 동굴보다 빼어난 점은 동굴 안에 있는 종유석과 석순이 아름답고 최근까지도 활발하게 성장하고 있다는 점이다. 특히 기이한 모양의 종유석, 꽈배기 모양의 위석순, 피아노 소리를 내는 커튼형 종유석과 종유관, 동굴산호는 백룡동굴만이 가진 특이한 동굴 생성물이다. 특히 석순은 다른 동굴에서도 발견되지만, 백룡동굴의 것들은 내부가 연노랑색이고 그 주위가 백색을 띠고 있어 마치 달걀 프라이처럼 보인다.

주굴은 통로가 넓어서 몇 사람이 같이 다닐 수 있을 만큼의 공간을 가지고 있으며 종유석, 석순, 석주, 유석 등 석회동굴 내에서 발견되는 모든 동굴 생성물들이 거의 훼손되지 않은 채 보존되어 있다. 주굴을

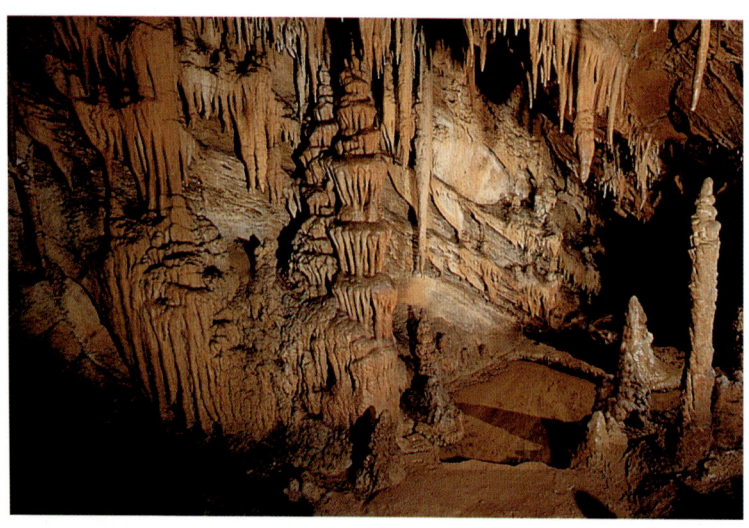

종유석과 석순 백룡동굴 내부에 발달한 종유석과 석순은 다른 동굴보다 아름답고 최근까지도 활발하게 성장하고 있다. 사진:정무룡

따라 왼쪽으로는 90미터의 가지굴이 발달되어 있는데, 여기에는 일반적인 종유석과는 달리 내부가 점토로 채워진 종유석이 발달되어 있다. 또 막장 부근에 주굴로부터 우측에 발달하고 있는 190미터의 굴에는 '별궁'이라고 이름지어진 작은 동방이 있다. 이곳은 아름다운 휴석과 유석, 종유석이 어우러져 환상적인 경관을 보여 주고 있다. 동굴 안에는 돌좀벌레, 장님굴새우, 장님애새우, 김띠노래기, 물좀벌레 등과 같은 30여 종의 동굴 생물이 서식하고 있다.

백룡동굴의 종유석과 석순 등의 동굴 생성물은 이미 세계에서 가장 아름다운 것으로 알려져 있고 서식 생물은 학술적인 가치가 뛰어나다고 밝혀진 바 있다.

제9경 황새여울의 바위들

마하리 뉘룬마을 아래로 흐르는 강은 온통 여울밭이다. 그 가운데 황새여울은 물살이 가장 센 여울목으로 소문이 자자하다. 거센 물소리 틈으로 자리다툼을 하며 구르는 돌들의 부딪힘도 들린다. 황새여울은 뾰족한 바위가 물길에 널려 있어 물이 많지 않을 때 황새, 청둥오리와 같은 철새들이 날아들어 놀던 곳이라고 해 생겨난 이름이다. 이러한 정겨운 이름과는 달리 정선에서 영월로 내려가던 골안 떼꾼들의 숱한 애환이 젖어 있다.

황새여울은 여울 물길이 넓어 위험이 따를 것 같지는 않지만, 옛날 떼목이 내려가다 걸리거나 줄이 끊어져 파손되는 일이 잦았던 곳이다. 여울목 한가운데 있는 '승문이바우'는 물이 불어나면 '쫌물(물길 가운데 불룩하고 물살이 센 부분)'을 타고 내려오던 떼목이 미처 피하지 못하고 휩쓸려 들어가게 하였다. 승문이바우뿐만 아니라 황새여울에 즐비한 날카로운 바위들이 나무를 맨 칡이나 가래나무 줄을 훑으며 끊어 버리면 사공들은 나무와 물에 뒤엉켜 떠내려가곤 했다. 이때 목숨을 잃

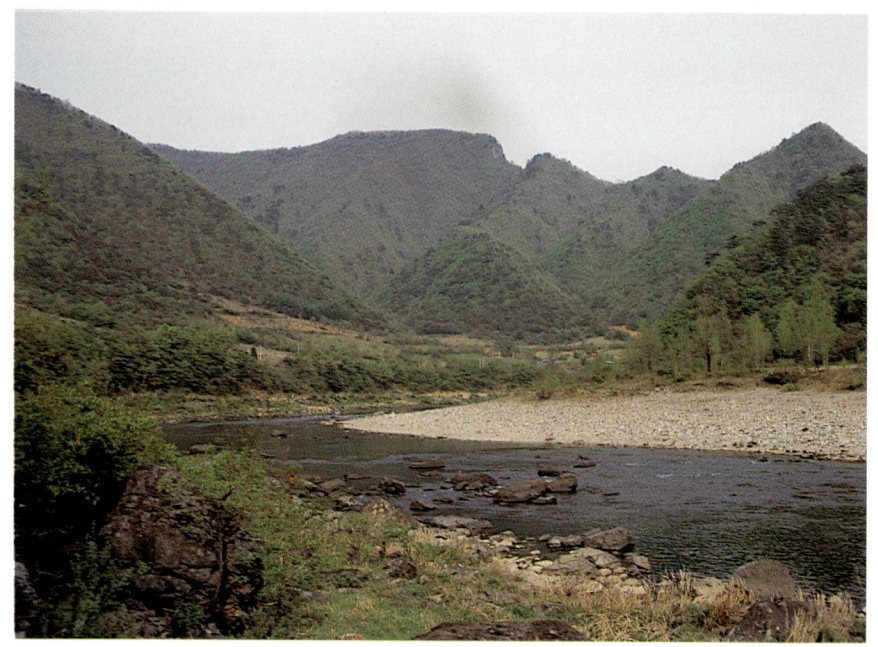

험한 여울 동강 물길에는 큰 돌들이 자리다툼을 하듯 선 여울이 많다.

거나 다치는 경우가 비일비재했다.

황새여울 물길이 굽이도는 주변으로는 마치 조각공원을 연상케 하는 퇴적된 형형색색의 돌들이 있다. 동강 물줄기 주변에 쌓인 돌들은 대부분 크기가 고만고만하지만, 황새여울 주변만큼은 제각각이다.

얕은 물을 타고 내려오는 래프팅 고무배가 황새여울에서 돌에 걸려 앞뒤를 못 가리는 것을 보면 정도의 차이일 뿐 예나 지금이나 다름이 없음을 느낀다.

제10경 두꺼비바위에 어우러진 뼝대

영월읍 문산리 그무마을에서 남쪽으로 3킬로미터쯤 강을 따라 내려 가면 물길 옆으로 집채만한 커다란 바위가 시선을 사로잡는다. 처음 볼 때는 바위의 모양을 알 수 없으나, 바위 옆을 지나는 순간 웅크린 채 앉아 있던 두꺼비 한 마리가 금새 뛸 듯한 모습임을 알 수 있다.

동강 물길의 수많은 바위 가운데 가장 두꺼비를 빼닮았다. 마치 살아 있는 듯한 이 두꺼비바위를 더욱 돋보이게 하는 것은 바위 앞뒤로 길게 이어지는 모래밭과 강 건너편의 거무스레한 뼝대다. 두꺼비바위가 있 는 그무마을 논들에서부터 길게 이어지는 모래톱은 동강에서 가장 길 다고 해도 무리가 아니다.

강 건너편의 뼝대는 예사롭지가 않다. 동강 상류의 가파른 석회암 절 벽과 달리 두리둥실한 모습은 주변 풍광을 담기에 부족함이 없다. 절벽

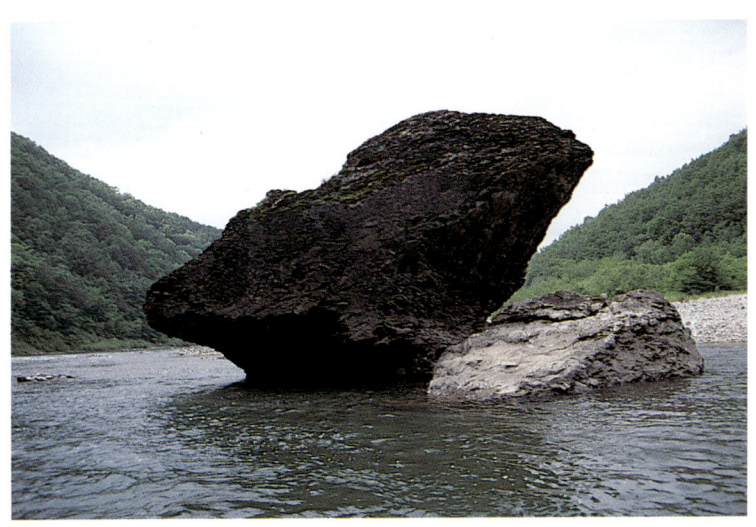

두꺼비바위 먼 산을 향해 뛸 듯 웅크린 집채만한 두꺼비바위.

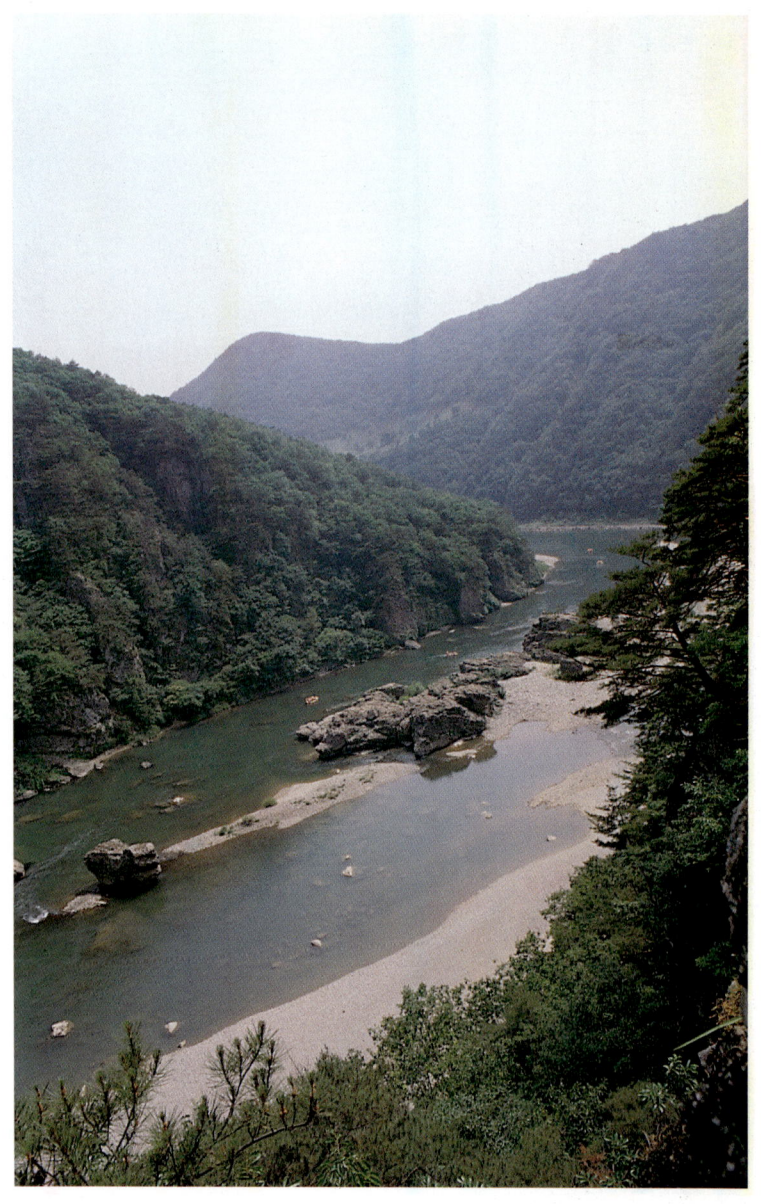

어라연 강 한가운데 상선암, 중선암, 하선암 등 집채만한 바위가 물 위로 솟아 있다.

아래로 웅얼거리며 흐르는 물소리, 산마루에서부터 강으로 부는 바람
소리는 절벽과 어우러져 조화를 이룬다. 바위가 있는 쪽에서 올려다본
절벽이라는 뜻의 뼝대는 봄이면 돌단풍이 흰 꽃을 얌전히 피우다가 여
름이면 나리, 원추리 등과 같은 화사한 꽃들로 치장을 하고 가을에는
붉은 단풍으로 옷을 갈아입는다.

제11경 어라연

동강에서 가장 아름다운 곳을 꼽으라면 단연 어라연이다. 영월읍 거
운리에 있는 어라연은 일명 삼선암(三仙岩)이라고도 하는데, 선인들이
내려와 놀던 곳이라고 하여 정자암이라고 부르기도 했다. 강의 상부와
중부, 하부에는 3곳의 소가 형성되어 있으며 소의 한가운데에 있는 옥
순봉(玉筍峯)을 중심으로 세 개의 봉우리가 물 속에서 솟아 있는 형태
를 하고 있다. 푸르른 물 속에서 솟아 오른 듯한 기암괴석은 주변의 계
곡과 어우러져 마치 한 폭의 산수화를 연상케 한다. 바위 틈새로 솟은
소나무와 다양한 풀들은 맑은 물소리와 어우러져 종종 금강산을 축소
해 놓은 모습에 비유되기도 한다.

중종 25년(1530)에 간행된 『신증동국여지승람』에는 "세종 13년 어라
연에 큰 뱀이 나타나 연못에서 놀기도 하고 물가를 꿈틀대며 기어다녔
다"는 기록이 있다. 하루는 뱀이 물가의 돌무더기 위에 허물을 벗어 놓
았는데, 길이가 수십 척이고 비늘은 동전만 하고 두 귀가 있었다고 한
다. 이곳 사람들이 비늘을 주워 보고하자 조정에서는 권극화(權克和)
라는 사람을 보내 실상을 조사하게 하였다. 권극화가 어라연에 당도해
연못 한가운데 배를 띄우자 갑자기 폭풍이 일어 배를 삼켜버렸고, 그때
부터 뱀의 모습이 보이지 않았다고 한다.

옛날 어라연 상류쪽 산에는 어라사(於羅寺)라는 절이 있었다고 하나
지금은 흔적만 남아 있다.

영월 읍내에서 약 16킬로미터 정도 떨어진 어라연은 길이 험해 몇 년 전까지만 해도 사람들의 접근이 어려웠으나, 최근 들어서는 관광객들이 많이 찾고 있다.

제12경 된꼬까리와 만지의 전산옥
어라연을 돌아 내려가는 물길은 약 5백여 미터를 지나면서 '된꼬까리'라는 여울목에 이른다. 강폭이 좁아지면서 물길 또한 거세게 휩쓸리는 곳이다. 물이 휘도는 강 옆 산자락에는 삐죽한 큰돌이 물굽이를 향해 서 있는데 옛날 떼꾼들은 이 바위를 가리켜 '문둥바우'라고 했으며

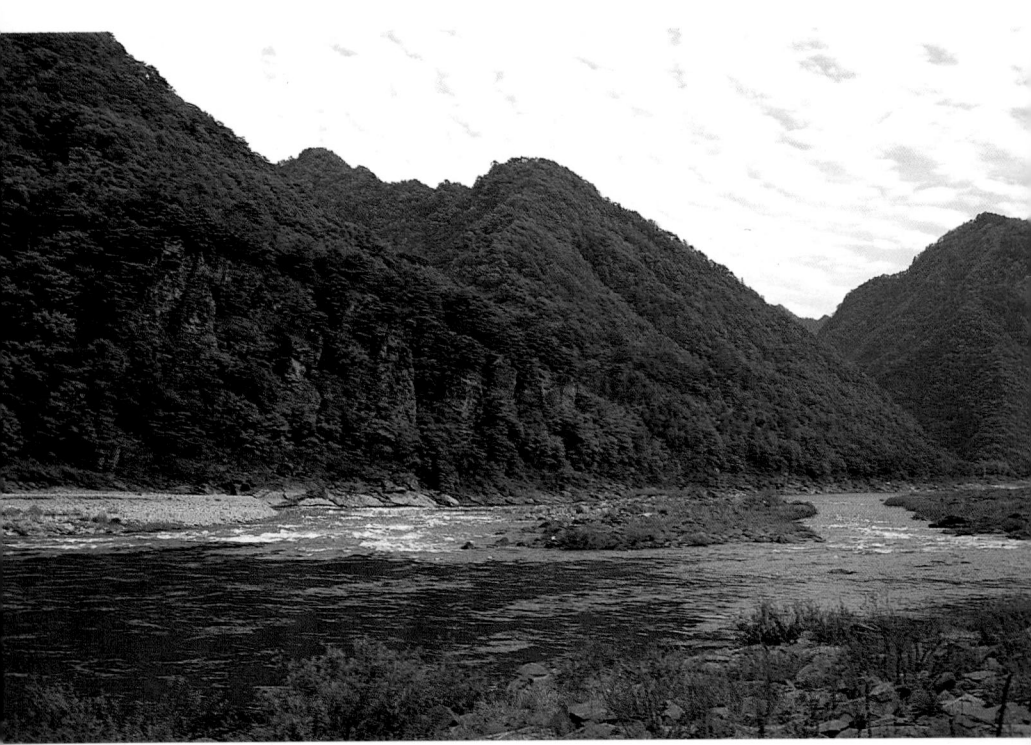

된꼬까리 동강 물길에서 떼꾼들이 가장 위험하게 여겼던 곳이다.

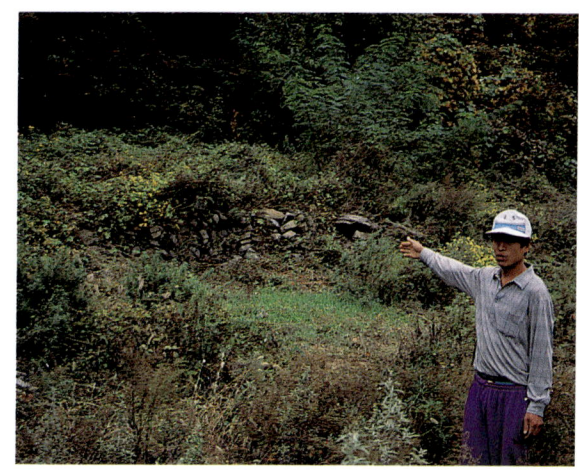

전산옥 주막터 주막 떼꾼들에게 가장 인기가 있었던 전산옥이 운영하던 주막은 집터만 남은 채 밭으로 변했다.

이 바위에 뗏목이 부딪히지 않게 하기 위해 사투를 벌이곤 했다. 그러나 경험 많은 앞사공이 바위를 피해 가도 뒷사공이 떼를 틀지 못해 부딪혀 죽거나 다치는 일이 허다했다. 설사 문둥바우를 피했다고 해도 강에는 크고 뾰족한 바위들이 곳곳에 솟아 있어 뗏목이 걸려 뒤틀리기 일쑤였다.

정선에서부터 영월로 가던 골안 뗏목길 가운데 위험한 곳으로는 아우라지 밑의 상투비리와 정선읍 용탄리의 범여울, 마하리의 황새여울, 거운리의 된꼬까리가 있는데, 그 가운데 된꼬까리가 제일 넘어가기 힘든 물길이었다.

된꼬까리를 지난 떼꾼들을 기다린 것은 여울 바로 아래 만지에 있던 술집들이다. 그 가운데 전산옥(全山玉)이 운영하던 주막은 가장 인기가 좋았다.

정선아리랑 가사에 실명으로 오르내리는 전산옥은 떼꾼들이라면 모르는 이가 없었다.

황새여울 된꼬까리 떼 무사히 지났으니
만지산 전산옥이야 술판 차려 놓게

전산옥이 꾸리던 집터는 만지나루 산자락 아래에 밭으로 변해 남아
있다. 멀리로는 된꼬까리의 거센 물소리가 들려오고, 떼꾼들과 전산옥
이 어우러져 부르던 가락은 아라리(정선아리랑)로 남아 불려지고 있다.

동강의 생태

　동강은 가히 비경이다. 가수리에서부터 영월읍까지 수십 리 길 벼랑에 부딪친 여울물이 굽이돌아 흐르는 굽돌이는 수많은 소와 여울을 만들어 놓았고 눈부신 모래밭과 하얀 몽돌밭이 반달처럼 자리잡고 있다. 물굽이마다 빼곡한 절벽에는 수백여 곳에 이르는 석회암 동굴이 있어 울창한 삼림과 함께 생태계의 보고라는 수식어가 낯설지 않다.

　동강에는 이루 헤아릴 수 없을 정도로 많은 생물들이 서식한다. 이러한 생물들은 아득한 옛날부터 강을 끼고 살아가는 사람들의 허기진 배를 채워 주기도 했고, 때론 가까이에서 쉽게 구할 수 있는 약재가 되어 삶을 윤택하게 했다.

　수년 전까지만 해도 사람의 발길이 그리 미치지 못해 생태계가 비교적 완벽하게 보전되어 왔던 동강 주변의 산과 들은 생물의 신비와 실태를 푸는 장이 된다. 도감(圖鑑)에도 나와 있지 않고 학계에 보고조차되지 않은 미기록 식물 종이 이미 발견되었고, 미기록 생물들 또한 발견될 가능성이 얼마든지 있다. 동강에는 원시(原始)가 있고 수많은 생명체가 살아가고 있기 때문이다.

　동강 일대의 생태계를 보호해야 할 이유가 바로 여기에 있다.

동강의 식물

동강 유역에서는 다양한 종의 식물을 쉽게 볼 수 있다. 산림청 임업 연구원은 1998년 9월 동강 일대에 대한 생태 조사를 마친 뒤 이 지역을 천연보호림으로 지정해야 한다고 주장한 바 있다. 조사 보고서에 의하면 동강 주변에는 고비고사리, 층층둥굴레, 애기원추리, 개부처손,

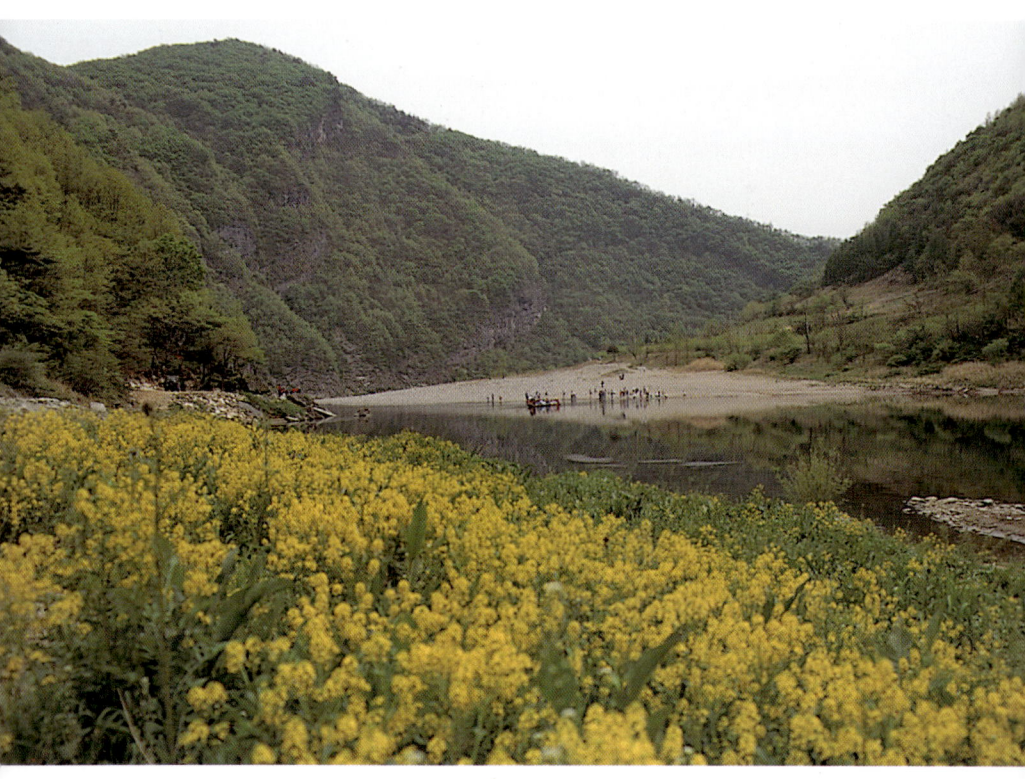

야생화 군락 문희마을 아래에 핀 야생화 군락지이다. 동강 유역은 우리나라 어느 지역보다 희귀식물이 많이 서식하고 있다.

물쇠뜨기, 백부자, 큰제비꼬깔 등 37종의 희귀식물을 포함, 5백여 종의 식물이 자라고 있으며 그 가운데 보호종이 1백여 종 있다고 한다. 조사자들은 한결같이 동강 유역은 우리나라 어느 지역보다 희귀식물이 많이 서식하고 있다면서 우리나라 생물 다양성 보존에 중요한 지역이라고 강조했다.

이처럼 동강 유역이 희귀식물의 보고인 까닭은 무엇일까. 무엇보다 험준한 지형으로 인해 사람들의 발길을 거부한 채 오랫동안 고유한 환경을 유지해 왔기 때문이다. 특히 동강 유역은 석회암을 모암(母岩)으로 하는 지질 구조를 지니고 있어 식물의 종류와 분포 유형이 다른 곳과 큰 차별성을 지니고 있다. 이들 석회암 지대에는 대부분 높은 산에서 자라는 북방계 식물인자들이 고도가 낮은 곳에까지 대거 분포한다는 사실도 특이성을 더해 준다.

석회암 지대의 대표적인 지표식물로는 체꽃, 개부처손, 구절초 등 다양한 종이 있다. 이러한 종 가운데 강변에서 무리를 지어 자라는 비술나무와 보호야생식물 제24호인 연잎꿩의다리, 흰꽃절굿대, 백부자 등은 동강 주변에서나 볼 수 있는 희귀종이다.

비술나무는 북방계 식물로 동강 유역에서 우리나라 최대의 군락을 이루는 것으로 조사되었으며, 미나리아제비과의 풀로 설악산 고지대에서만 자라는 연잎꿩의다리도 강변과 바위 틈에서 무리를 지어 자라고 있다.

흔히 볼 수 있는 한 줄로 꽃을 피우는 둥글레에 비해 가느다란 잎이 층을 이루며 위아래로 층층이 꽃을 피우는 층층둥굴레는 동강에서 자생지가 처음 발견되었다.

흰 꽃이 피는 절굿대와 세계적인 희귀식물로 충청북도 이북에서 만주까지만 자생한다고 하는 백부자도 동강에서 처음 발견되었다.

동강이 널리 알려지면서 실체가 확인되지 않아 관심을 끌었던 식물

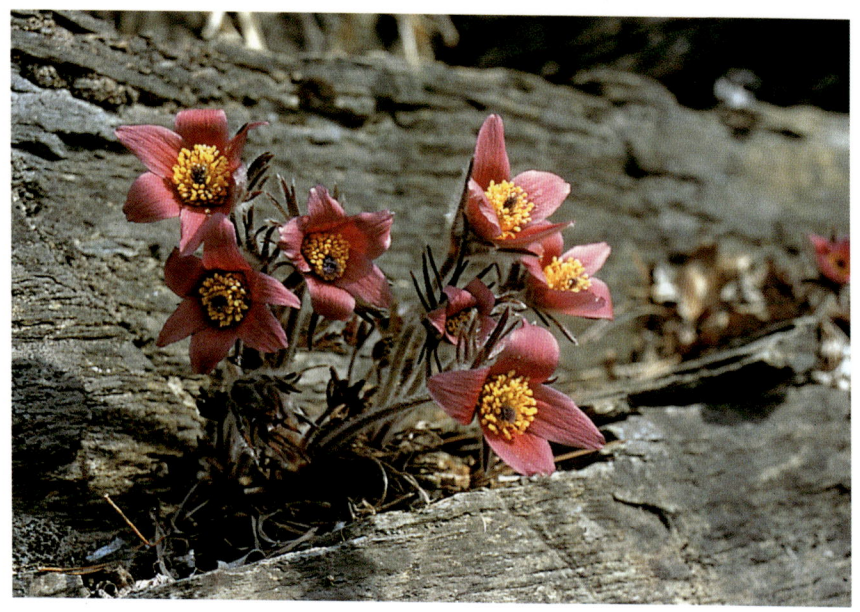

동강할미꽃 동강의 바위 틈새에 붙어 자라는 미나리아제비과의 여러해살이 풀이다. 일반 할미꽃과는 달리 머리를 든 채 꽃을 피우고 크기도 작다.

로는 흰대극과 동강할미꽃을 들 수 있다. 가칭 흰대극은 바닷가에서 자라는 흰대극과 거의 비슷하게 생겼으나 꿀샘덩이의 모양이 달라 새로운 종으로 보는가 하면, 정선읍 가수리와 신동읍 덕천리 강변 바위 틈에서 기존 할미꽃과는 전혀 다른 새로운 할미꽃이 발견되었다.

  대부분의 할미꽃이 아래를 향해 피는 데 반해 가칭 동강할미꽃이라는 이름의 이 할미꽃은 위를 향해 자주색 꽃을 피우고 꽃의 크기도 일반 할미꽃보다 작은 5~15센티미터에 불과하다. 또 다른 토양에 옮겨 심거나 씨앗을 뿌리면 발아율이 급격히 떨어지는 특징을 가지고 있다. 동강할미꽃의 생태를 3년 동안 관찰해 온 중앙대학교 원예육종학과 안

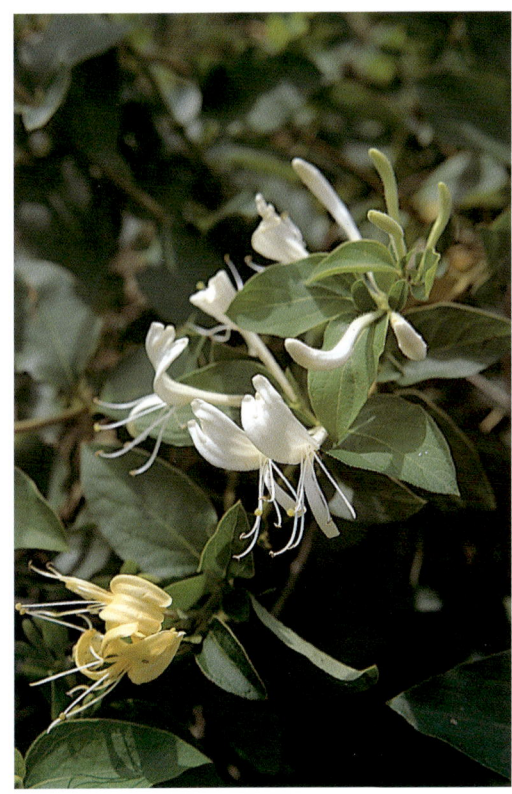

인동 여름이면 하얗고 노란 꽃을 피우는 식물로 동강변 곳곳에 군락을 이루고 있었으나 약재로 쓰이면서 사라져가고 있다.

영희 교수는 자생지와 식물원에서 재배 실험을 거쳐 새로운 종으로 결론 내리고 새로운 라틴어 학명을 신청하였다.

　이 밖에도 한때 법정 보호식물로 보호를 받던 노랑돌쩌귀가 백운산 산자락에 군락을 이루고 있고, 약재로 쓰이면서 사라져가는 인동이 여름이면 하얗고 노란 꽃을 피운다.

　그러나 오랫동안 사람의 발길이 닿지 않는 곳에서 진화를 거듭해온 동강의 식물들이 최근 들어 급증하는 관광객들의 발길에 무참히 훼손

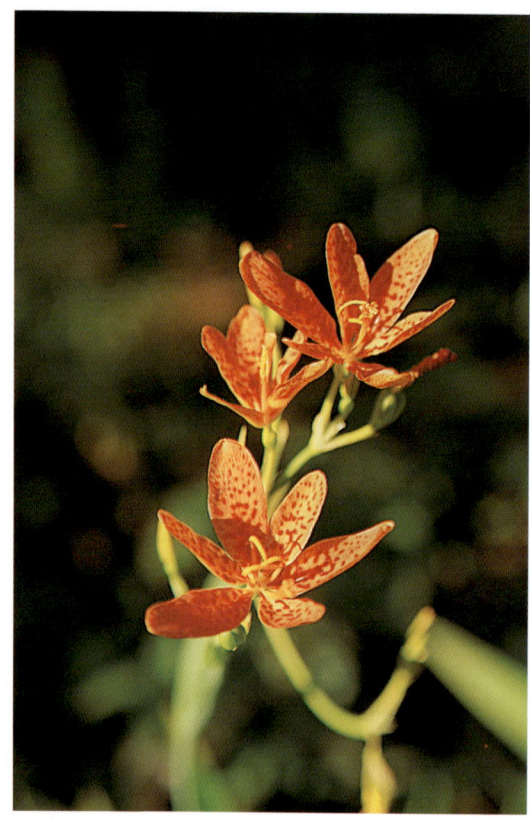

범부채 고성리산성 주변에 무리지어 피던 범부채는 뛰어난 번식력에도 불구하고 군락지가 사라져 버렸다.

되는 일을 종종 볼 수 있다. 고성리산성 주변에 무리지어 피던 범부채는 뛰어난 번식력에도 불구하고 군락지가 사라졌으며, 구절초와 돌단풍, 나리과의 식물들은 조경용으로 뽑혀 나가고 있다.

고유하고 다양한 식물 종과 함께 동강 유역에는 미기록 종인 애기방귀버섯과 작은주발버섯 등 55종의 버섯도 서식하고 있는 것으로 알려졌다.

동강의 어류

동강은 알파벳의 S자 모양으로 물길이 휘돌아 흐르면서 한쪽으로는 가파른 절벽과 깊은 소를 이루어 놓았고, 다른 한쪽으로는 모래 퇴적지와 얕은 여울을 이루어 놓았다. 더구나 사람의 발길이 미치지 못하는 곳이 많아 어류가 서식하기에 알맞은 조건을 두루 갖추고 있다. 동강을 가리켜 우리나라 민물고기의 보고(寶庫)라고 하는 이유가 바로 여기에 있다.

동강에는 모두 34종 정도의 어류가 번식하고 있는데, 그 가운데 고유종은 17종 정도로 고유 어종의 비율이 50퍼센트에 이른다.

고유 어종 가운데 천연기념물로 지정된 어류는 어름치, 황쏘가리 두

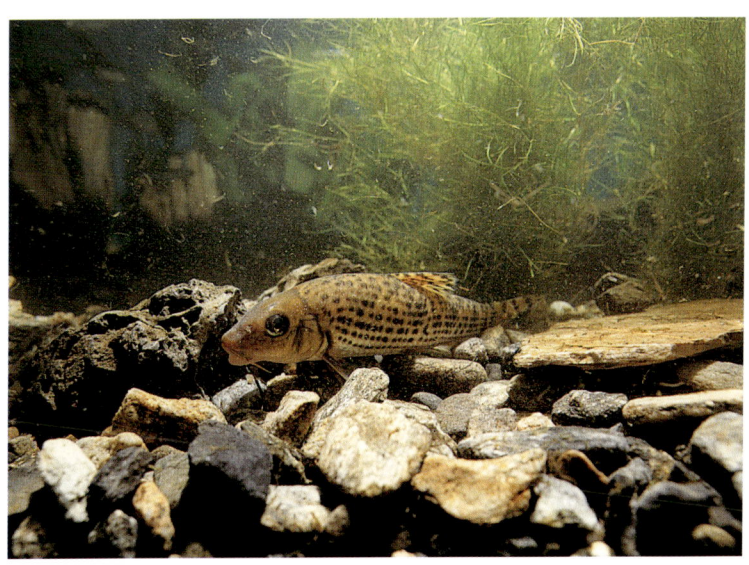

어름치 천연기념물 제259호인 어름치는 동강 어디서나 볼 수 있는 대표적인 어종이다.
사진 : 한국자연정보연구원 노영대 원장

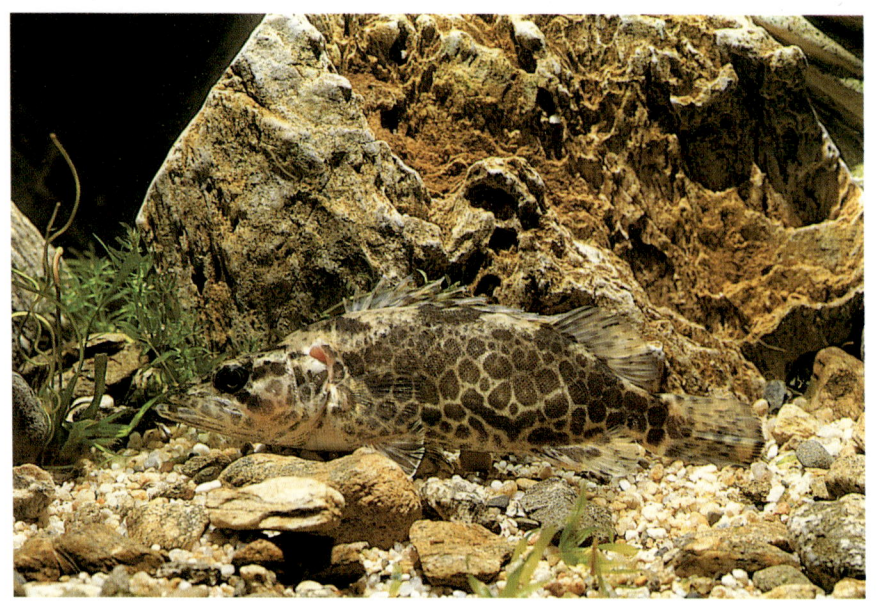

쏘가리 강 한가운데 살면서 주로 밤에 활동하는 황쏘가리는 약으로 쓰이면서 많이 사라져 쉽게 볼 수 없는 물고기가 되고 말았다. 사진:한국자연정보연구원 노영대 원장

종류이다. 천연기념물 제259호인 어름치는 동강 어디서나 볼 수 있다. 커다란 눈과 아름다운 무늬가 어른거린다고 해서 이름지은 어름치는 보통 20센티미터의 길이이나 40센티미터까지도 성장을 한다. 바위 밑에서 겨울을 보내고 날씨가 풀리면 행동 반경을 넓히는 어름치는 4월경에 이르러 수십 마리가 한꺼번에 산란탑을 물어다 쌓고 번식에 나서는 진풍경을 연출한다.

　산란탑이란 물흐름이 완만하고 자갈이 깔린 곳에 웅덩이를 파고 알을 낳은 암컷이 수정이 이루어지고 난 다음 작은 자갈을 모아 쌓는 것을 말한다. 어름치의 산란탑을 보고 동강 유역 사람들은 한 해의 날씨

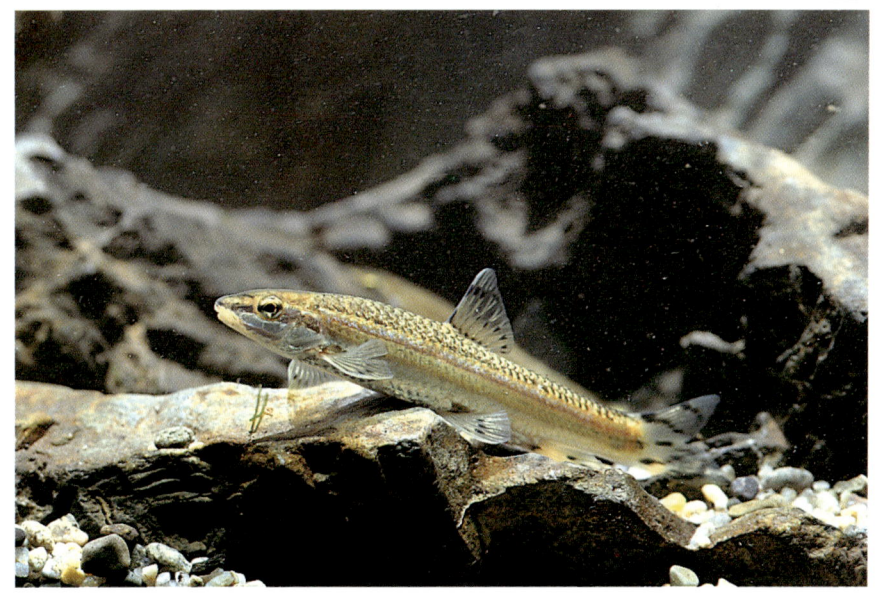

쉬리 지느러미에 검은 줄이 있는 것이 특징이다. 사진:한국자연정보연구원 노영대 원장

를 점치기도 한다. 어름치가 강 가장자리에 산란탑을 쌓으면 그 해는
비가 많이 내리고, 강 한가운데에 쌓으면 가뭄이 든다고 해서 한 해의
농작물을 결정하였다.

영월에 사는 정씨를 구해준 전설에 등장하는 황쏘가리는 큰 강 한가
운데쯤 살면서 주로 밤에 활동을 한다. 여름에는 돌에 숨고 겨울에는
진흙 속에 숨어 있다가 5월이면 활발한 활동을 하는 황쏘가리는 약으
로 쓰이면서 많이 사라져 쉽게 볼 수 없는 물고기가 되고 말았다.

민물조개 속에 알을 낳아 번식하는 보호 어종 물고기로 몸이 납작하
고 짙은 갈색인 묵납자루와 다묵장어가 있다.

금강산에서 처음 발견했다는 금강모치는 동강에서 처음으로 발견되

었다. 수온이 낮고 산소가 풍부한 청정 수역에서만 사는 금강모치는 압록강, 두만강과 함께 금강의 최상류에서 서식을 했으나 금강에서는 거의 사라지고 동강에서나 볼 수 있는 물고기가 되었다.

천연기념물이나 보호 어종으로 정해진 물고기와 함께 동강에서 널리 알려진 물고기로는 연준모치, 미유기, 퉁가리, 쉬리 등을 들 수 있다.

연준모치는 10센티미터도 안 되는 작은 물고기로 항상 떼를 지어 살며, 수컷은 은색의 배와 지느러미가 분홍색으로 변하면서 암컷을 유혹한다.

짙은 갈색을 띠는 미유기는 우리나라 고유 어종으로 메기와 모습이 비슷하나 등지느러미의 길이가 짧다. 메기보다는 몸이 작아 날렵하지만 어린 물고기와 곤충을 먹고 산다.

주황색을 띠는 물고기로 메기를 닮은 퉁가리는 주로 밤에 움직인다. 입에 톱니 같은 이가 있어 물고기를 먹을 때 개구리 울음 소리를 내기도 하고, 가시로 사람을 쏘기도 한다.

영화 '쉬리' 때문에 유명해진 쉬리 역시 우리나라 고유 어종으로 자갈이 많은 여울에서 산다. 몸 길이는 10센티미터 정도로 그리 크지 않으나 등에서 배 쪽으로 까만색이 섞인 보라색, 은백색, 주황색, 남색 등의 세로띠가 이어져 있다. 알을 낳을 때가 되면 그 색깔이 더욱 화려해져 연애각시, 여울각시 등으로도 불린다.

이 밖에도 버들치, 동사리, 참중고기, 꺽지, 배가사리, 꾸구리 등의 고유 어종이 살고 있다.

동강의 동물

동강을 굽이 흐르는 사행천이 빚어 놓은 절벽은 철새들의 보금자리이다. 이미 동강에서 텃새가 된 겨울 철새 비오리는 우리나라에서 최대 규모로 번식하고 있다. 천연기념물인 원앙과 비오리 새끼가 어미를 따라 헤엄치는 모습은 어떤 수식어도 필요치 않다.

1998년 9월 환경부 생태조사에서 모두 72종의 조류가 관찰되었는데, 이 가운데 원앙과 소쩍새, 까막딱따구리 등 천연기념물 3종이 포함되어서 눈길을 끌었다.

동아시아 일대에 분포하는 조류로 우리나라에서는 번식기에만 잠시 관찰할 수 있는 천연기념물 제327호인 원앙은 동강 일대의 산간 계곡이나 나무 구멍에 둥지를 튼다.

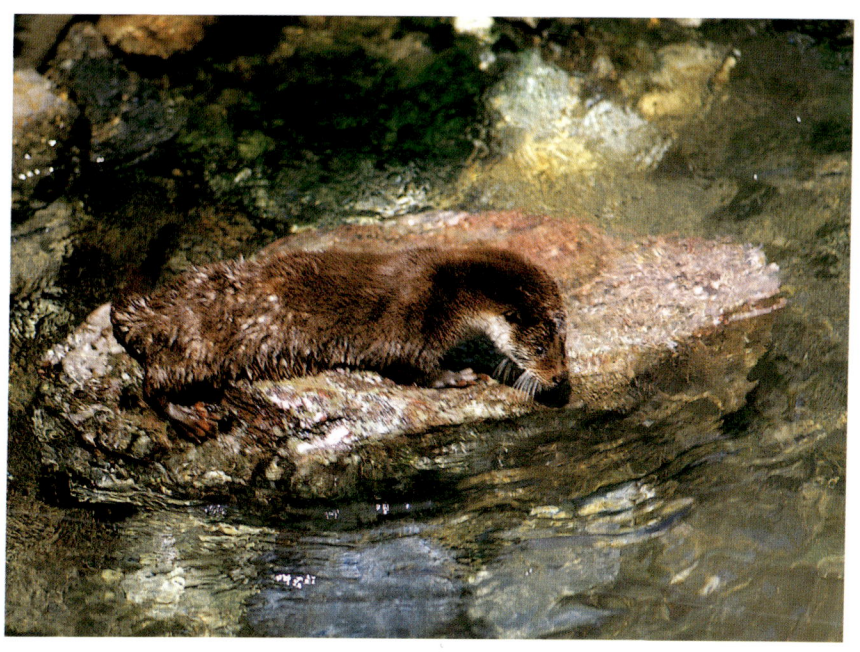

수달 천연기념물 제330호인 야행성 포유류인 수달은 오염과 수렵으로 수가 급격히 줄어들었다. 사진:한국자연정보연구원 노영대 원장

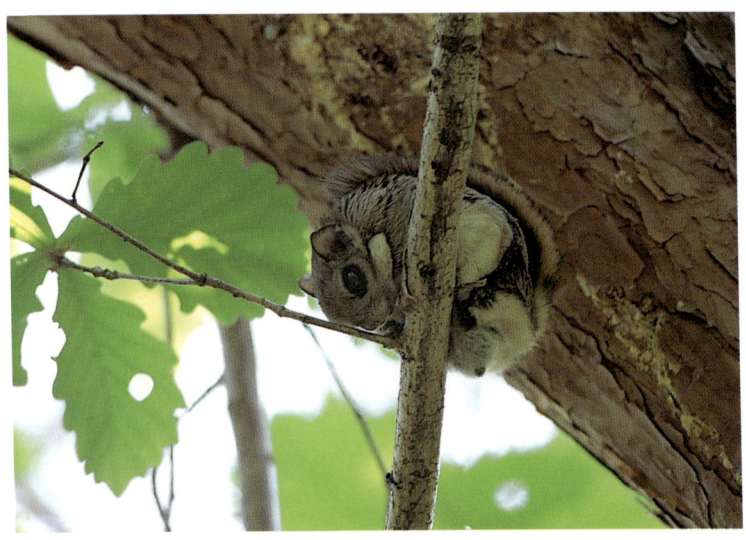

하늘다람쥐 우리나라 고유종으로 주로 밤에만 활동한다. 사진:한국자연정보연구원 노영대 원장

천연기념물 제324호인 소쩍새는 밤이면 동강 유역 곳곳에서 그 소리를 들을 수 있을 만큼 폭넓게 서식하고 있다.

특히 영월읍 문산리 쪽에서 관찰된 천연기념물 제242호인 까막딱따구리는 1991년 속리산에서 마지막으로 목격된 이래 처음 발견된 것이어서 조사자들이 흥분하기도 했다. 나무를 두드릴 때 매우 요란한 소리를 내는 까막딱따구리는 암컷의 머리 뒷부분이 붉은색을 띠고 있어 수컷과 쉽게 구별이 된다.

이들과 함께 수서(水棲)성 조류인 어치, 직박구리, 박새, 멧비둘기, 검은댕기해오라기, 청둥오리 등 모두 39종의 조류가 동강을 터전으로 살아가고 있다.

동강에 서식하는 동물을 이야기할 때 가장 자주 오르내리는 천연기

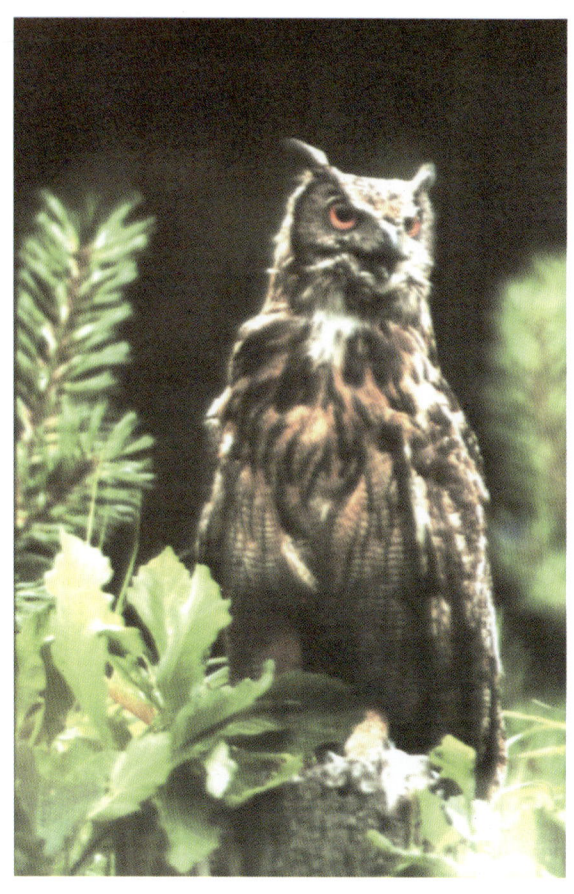

수리부엉이 사진:
한국자연정보연구
원 노영대 원장

넘물 제330호인 수달은 강변 곳곳에서 서식하고 있다. 1, 2급수의 하천
에서 서식하는 야행성 포유류로 몸길이 63~80센티미터, 몸무게 5.8~
10킬로그램 정도인 수계생태계(물을 매체로 하는 동물의 생태계 먹이사
슬)의 최상층에 있는 수달은 하천 오염과 밀렵 등으로 그 수가 급격하
게 줄어든 대표적 동물이다. 동강 인근에서도 오래 전부터 수달의 서식
처가 알려지면서 몸보신 약재로 암암리에 고가로 거래되기도 해 멸종

위기에 이르는 듯했으나 1998년 9월 산림청 임업연구원의 실태조사에서 15마리가 발견되었다.

문산리 진탄나루와 덕천리 백운산에서는 보호 야생동물인 담비와 하늘다람쥐를 비롯해 멧박쥐, 멧돼지, 너구리 등이 다량으로 서식하고 있는 것으로 밝혀졌다. 더욱이 1999년 2월 남한에서는 발견된 적이 없는 무산흰족제비와 북방토끼가 백룡동굴 부근에서 처음으로 발견되어 동강이 생태계의 보고임을 다시 한 번 확인했다.

1920년대 함경북도 무산에서 처음으로 발견된 길이 15~20센티미터, 무게 100그램 내외의 무산흰족제비는 족제비과의 동물로 평소에는 검은색이나 겨울에는 하얗게 털갈이를 한다. 보통 쥐와 크기가 비슷해 쥐굴에 들어가 쥐를 잡아먹고 자기 몸보다 몇 배나 큰 산토끼까지 잡아먹는 세계에서 가장 작은 육식 동물이다. 북한과 중국 접경 지대에 주로 분포하는 것으로 알려진 북방토끼는 다른 토끼들과는 달리 산악 지대의 음지에서 서식하며 백두대간을 타고 남쪽으로 내려와 동강 일대에 정착한 것으로 보고 있다. 이는 동강 일대가 북방계통 동물들의 중요 서식처란 사실을 입증한다.

이 밖에도 천연기념물 제260호인 백룡동굴에서는 10년 전까지 붉은박쥐가 살았던 흔적을 발견했다.

동강에 사는 곤충으로는 천연기념물 제32호인 늦반딧불이를 비롯하여 미기록 종인 총채날개나방류에 속하는 종들과 애반딧불이, 노랑누에나방 등이 관찰되었다.

동강과 정선 뗏목

벌목과 뗏목 제작

동강은 선사시대 이래로 사람들이 모여 살면서 오랜 역사를 흘러왔다. 그러나 553년 신라가 한강 유역을 완전히 점령하면서 동강 유역 또한 적지 않은 문화 변동을 가져왔다.

한강의 조운 기능이 활발해진 조선시대부터 강변에 사람들이 몰려들어 경제권이 형성되기 시작했다.

남한강 상류까지는 배들이 오르내렸지만, 동강은 물길이 험한 관계로 배가 이동하는 데에는 어려움이 컸다. 이 때문에 강 상류에서 벌목된 나무를 서울까지 실어 나르는 뗏목이 고작이었다.

경복궁 중수 당시의 기록을 담은 『영건일람(營建日覽)』에 의하면 한강 상류인 정선에서 뗏목이 본격적으로 내려가기 시작한 것은 조선 후기부터라고 한다. 이 책에서는 당시 경복궁을 중수하던 대부분의 목재가 정선과 인제 등지에서 운송되었고, 대원군이 인부들을 위로할 겸 종종 잔치를 베풀었다고 기록하고 있다.

동강 상류 물길인 태백산, 오대산, 노추산, 황병산 등지에는 아름드리 소나무들이 빽곡했다. 이러한 원목은 늦가을이나 겨울에 베어 강가에 쌓아 두었다가 실어 나른다.

우수 경칩이 지나 얼었던 강물이 녹고 큰비가 내려 강물이 불기 시작하면 목상(木商)의 부탁을 받은 떼꾼들은 뗏목을 엮어 떠날 준비를 서둘렀다. 앞사공, 뒷사공이 직접 떼로 엮는 데는 보통 2~3일이 걸렸다.

뗏목은 363.6~545.4센티미터 정도의 소나무 15개 내지 20개를 엮어 한 동(棟)으로 만들고, 5동 내지 6동을 하나로 이어 한 바닥(한 판)을 만들었다. 험한 물길에 뗏목이 쉽게 풀어지지 않게 하기 위해 원목 위에는 가로질러 '둔테'를 메고 X자 모양의 '가줄'을 치기도 했다. 일제 강점기 전까지만 해도 떼를 매는 데는 칡줄기나 다래나무, 느릅나무 껍데기를 꼬아 썼으며 나중에는 새끼줄을 사용하기도 했다. 뗏목의 앞뒤로는 Y자 모양의 '깍장발이'를 세우고 노의 구실을 하는 '그레'를 깍장발이의 나무 가랭이(갈라진 나뭇가지 사이)에 얹었다. 그레는 스무 자(606센티미터)쯤 되는 소나무나 참나무를 깎아 물살을 받는 아래 부분은 넙적하게 하고, 손에 쥐는 부분은 움켜쥐기에 편할 만큼 만들었다.

떼돈 벌었던 떼꾼

뗏목이 떠내려갈 무렵이면 인근 마을까지 술렁거렸다. 그러나 떼가 떠나는 날이면 떼꾼의 아내는 물론 부녀자들은 부정을 탄다고 해 나루터에 접근할 수 없었다.

떼가 출발하기에 앞서 목상은 떼꾼들과 함께 안전한 운행을 빌며 고사를 지낸다. 강치성을 잘못 드리거나 부정을 타면 물귀신이 잡아간다

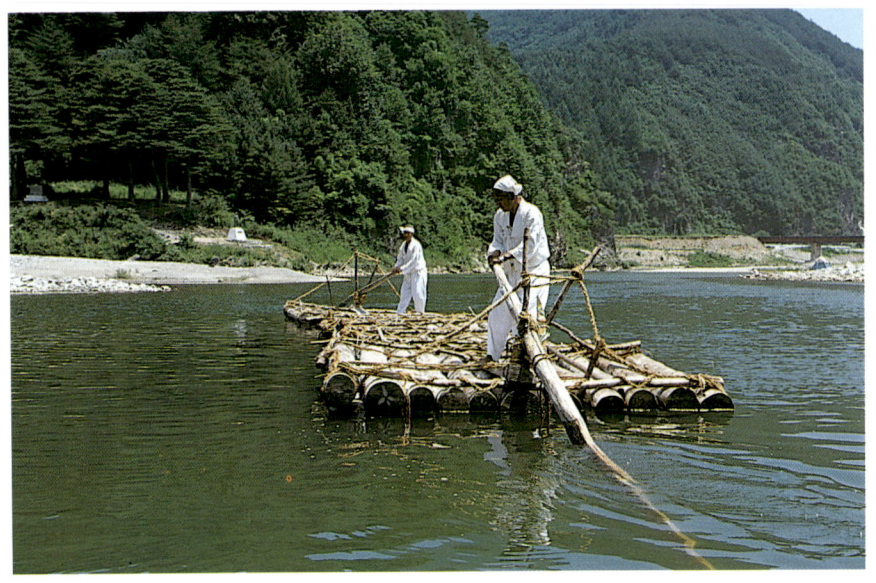

앞사공과 뒷사공 앞사공은 물길을 잘 아는 노련한 사람이고, 뒷사공은 앞사공을 보조해 주는 역할을 한다.

고 해서 정성을 다해 올렸다.

치성이 끝난 떼꾼들은 목상에게서 목재의 수가 기록된 '발기'와 여비를 받아 출발한다. 떼꾼들은 부수입을 올리기 위해 목상 몰래 떼 밑바닥에 몇 개의 나무를 더 달아 떠나곤 했다.

뗏목은 봄철부터 늦가을까지 계속 내려갔다. 해빙과 더불어 한식(寒食)이 지나면 시작되던 첫떼인 '갯떼기'는 보통 이른봄인 3~4월에 떠나고 마지막 떼인 '막서리'는 늦가을에 떠났다.

뗏목에는 앞사공과 뒷사공이 탔다. 앞사공은 강물의 유속이 빠른 '물말기(쫌물)'를 타면서 떼가 물길에 뒤엉켜 방향을 못 잡는 '돼지우리'를 치지 않도록 물길을 찾아 운행하는 일을, 뒷사공은 뗏목의 꽁무

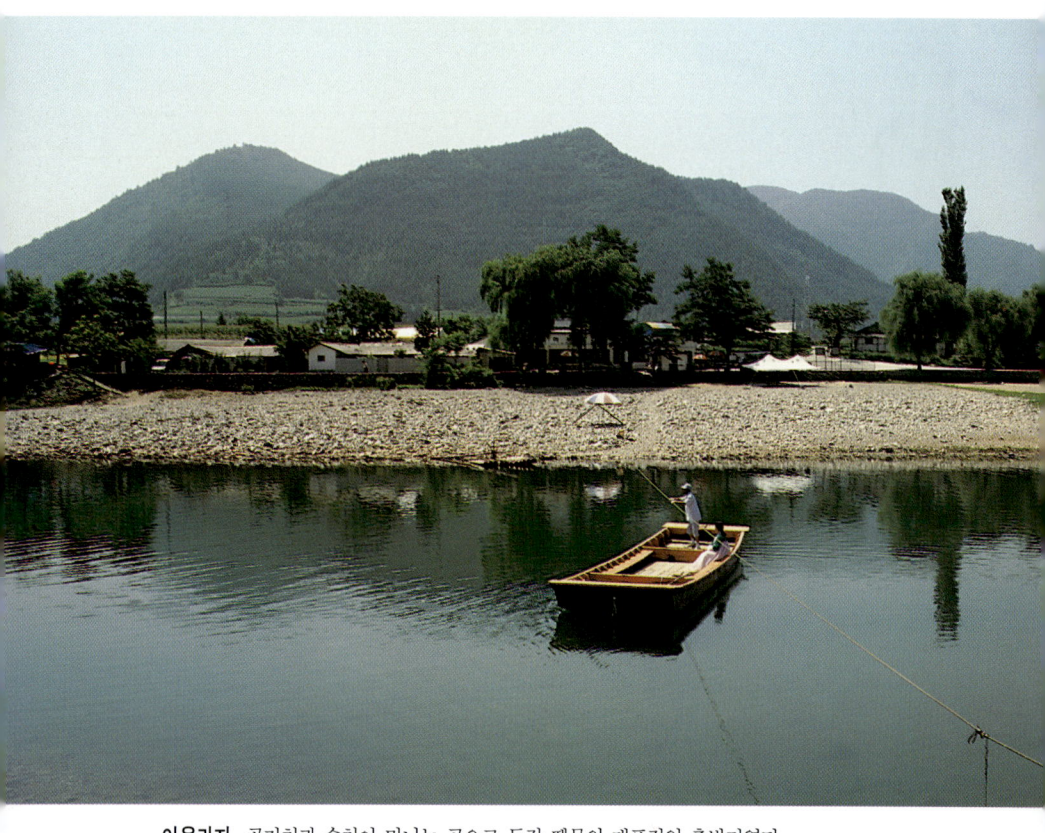

아우라지 골지천과 송천이 만나는 곳으로 동강 뗏목의 대표적인 출발지였다.

니가 뒤틀리지 않도록 방향을 잡아주는 역할을 한다.

정선의 아우라지를 비롯하여 목재가 풍부한 조양강과 동강 주변에서 출발하는 뗏목은 영월 덕포에 이르러 세 바닥이 한 바닥으로 합쳐져 서울로 향했다. 정선에서 영월에 이르는 골안 물길은 여울이 많아 위험했지만, 남한강 물길은 폭이 넓고 수량이 많은 까닭에 위험이 덜했다.

정선을 출발한 뗏꾼들은 보통 열흘에서 보름 정도 걸려 서울의 광나루와 삼개나루(마포나루) 등지에 도착하면 뗏목을 주인(主人)에게 넘긴다. 그러면 주인은 정선을 출발할 때 받은 발기에 기록된 나무와 도착한 떼의 나무 수량을 확인한 다음, 선불로 준 여비 이외의 나머지 돈을 떼꾼들에게 주었다.

떼꾼들이 뗏목을 운송하고 받는 품삯을 '고전(高錢)'이라고 했다. 동강 유역 사람들이 죽을 때까지 쌀 두 말을 못 먹고 죽었다고 할 정도로 어려웠던 1960년 전까지만 해도 서울까지 한 번 다녀와 받는 돈은 쌀 다섯 가마 정도를 살 만큼 큰돈이었다. '떼돈 번다'는 말이 바로 여기서 비롯되었으니 떼꾼들은 어깨에 힘깨나 주고 다닐만 했다.

당시 떼꾼들은 능력에 따라 대우를 받았다. 떼를 파손시키지 않고 기일 내에 떼를 넘기면 떼꾼들은 떼가 뜨지 못하는 한겨울에도 목상에게서 생활비를 받아 비교적 편하게 겨울을 날 수 있었다. 더욱이 당시 산골 사람들에게 현금은 매우 가치 있는 것이어서 떼 한두 번만 타면 1년은 먹고 살 수 있었으므로 너도나도 떼를 타려고 했다. 서울까지 가면 큰돈을 번다는 사실을 알게 된 떼꾼들이 뇌물을 주면서까지 서울행 떼를 타려고 고집한 것은 이런 이유 때문이다.

동강 물길의 여울과 주막

그러나 떼꾼들의 두둑한 주머니는 곧 강변에 즐비하게 들어선 객줏집 여자들에게 흘러 들어가 빈털터리가 되기 일쑤였다. 40여 년 전까지만 해도 조양강과 동강 물길에는 1백여 곳에 이르는 객줏집이 들어서 바쁜 떼꾼들의 발길을 붙잡았다. 떼꾼들이 술과 여자와 투전(鬪牋) 등에 빠지게 된 것은 위험한 물길 때문이기도 했다.

아우라지에서 영월 덕포 사이의 수많은 여울 가운데 떼꾼들이 가장

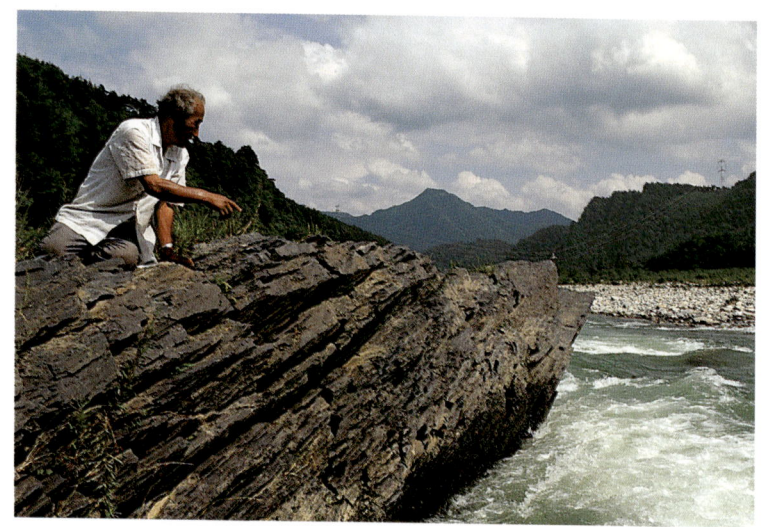

범여울 뗏목이 내려가면서 바위에 부딪쳐 많은 뗏꾼들이 이곳에서 목숨을 잃었다.

위험하게 여긴 여울은 용탄의 범여울, 미탄의 황새여울, 거운리의 된꼬
까리였다. 범여울은 강쪽으로 삐쭉삐쭉 솟은 바위 아래로 물길이 나 있
어 떼가 부딪히는 일이 잦았고, 물길 한가운데에 큰 돌이 즐비한 황새
여울과 동강에서 가장 험한 된꼬까리에서는 뗏목이 파손되거나 목숨을
잃은 뗏꾼들이 많았다.

　바위들이 가득한 여울은 뗏목을 엮은 줄을 끊어 놓아 떼를 파손시켰
고, 때로는 뗏꾼들의 목숨을 앗아갔다. 떼가 파손되는 곳 아래에 있던
술집은 떼를 고쳐 매려는 뗏꾼들로 인해 매상이 급상승하였다.

　정선에서 영월에 이르는 물길의 주막 가운데 조양강이 동남천과 만
나는 가수리 수미에 있는 주막과 운치리 점재의 욕쟁이 할머니집, 덕천
리 연포, 문산리 그무와 거운리 만지의 전산옥이 꾸리던 집은 비교적
규모가 컸다.

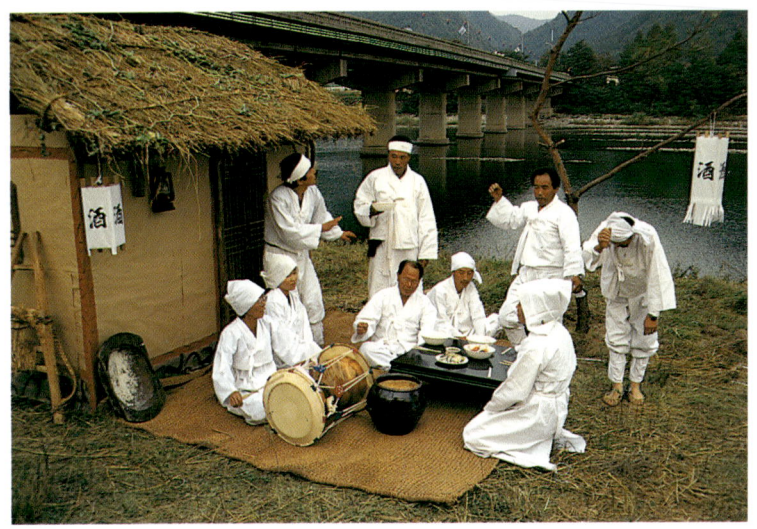

객줏집 동강 물길에는 1백여 곳이 넘는 객줏집이 들어서서 떼꾼들의 바쁜 발길을 사로잡았다.

특히 만지에서 전산옥이 꾸리던 주막은 동강 물길에서 가장 이름난 곳으로 술시중을 들던 여자만도 10여 명에 이르렀다. 전산옥은 빼어난 미모에다 입심을 갖추었고 정선아리랑을 구성지게 잘 불러 떼꾼들에게 인기였다. 그래서 '만지산 전산옥' 하면 서울에서도 떼꾼들 사이에 소문이 자자했으며, 정선아리랑 가사에도 실명으로 등장하는 몇 안 되는 인물이 되었다.

동강 물길과는 달리 잔잔한 남한강 물길에서는 거룻배(돛을 달지 아니한 작은 배)에 술과 안주와 장구를 싣고 여자들이 다가왔다. '들병장수'라고 하는 이들은 배를 떼 뒤에 매달고는 떼 위에 올라 떼꾼들에게 술을 팔고 노래를 불러대며 어우러졌다. 바다의 어선과는 달리 떼 위에 여자들이 오르는 것을 떼꾼들은 전혀 금기(禁忌)로 여기지 않고 오히려 반기기까지 했다.

떼꾼들이 부른 소리

물이 많고 적음에 따라 약간은 달랐지만 정선에서 영월까지 골안 물길은 뗏목으로 하루 남짓, 영월에서 서울까지는 통상 열흘 가량이 걸렸다.

뗏목이 내려가다가 바위에 걸리면 떼가 뒤엉켜 돼지우리를 짓게 된다. 대부분의 경우에는 앞사공과 뒷사공이 떼에 싣고 가던 긴 막대를 떼 밑에 넣고 들썩거리다 보면 떼가 미끄러져 내려가지만 꼼짝하지 않을 때도 많았다. 앞사공과 뒷사공만으로 힘에 부치면 지나가던 떼꾼들에게 도움을 청했다. 떼꾼 사이의 동료 의식은 대단해 앞서가던 떼가 파손되거나 걸리기라도 하면 배를 멈추고 도와 주었다.

떼꾼 여럿이 긴 막대를 밑바닥에 넣고서 힘을 쓴다. 뗏목을 강제로 넘기려 하지 않고 부드럽게 달래듯 한 사람이 소리를 메기면 나머지 사람들이 '오오차'라며 한 목소리로 받아 부르며 힘을 썼다.

오호차
이 낭구 보게 몸부림을 한다네
오오차
한 번만 더하이면 될 듯하네
오오차
이 낭기 지남석이 쩡얼어 붙었다네
오오차
어데가 절련지 절린데 마꿈

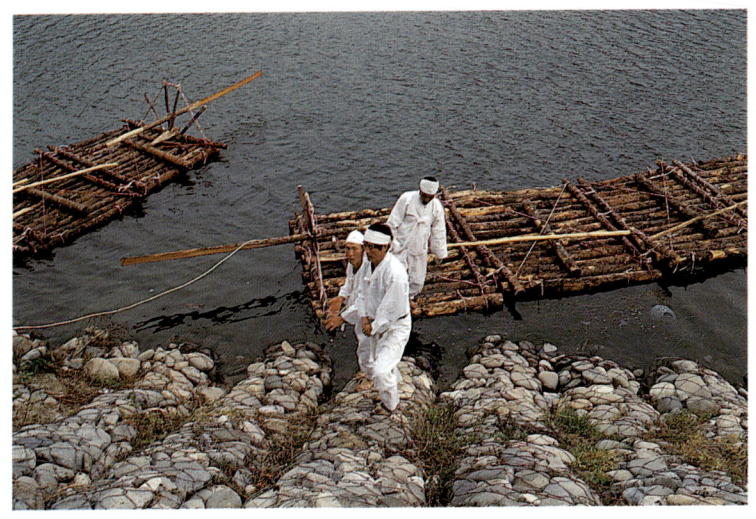

아라리 뗏목이 닿는 곳에서 정선 떼꾼들이 부른 정선아리랑은 한강 유역 곳곳에 퍼지게 되었다.

오오차아
무지 공산에 잘자란 낭기
오오차
이렇게 가도 한양을 간다네
오오차

걸렸던 떼가 미끄러지면 떼목을 강가에 대고 풀어지지 않도록 고쳐 매고 다시 출발을 했다.

떼꾼들은 거친 여울을 지나 물살이 완만한 곳에 이르면 떼꾼들은 따분함과 무료함을 달래기 위해 아라리를 불렀다. 떼꾼들이 즐겨 부르던 아라리에는 위험한 고비에서 벗어나 그동안 억눌렸던 감정을 해소하려는 몸부림이 그대로 표출되어 있다.

황새여울 된꼬까리 떼 무사히 지냈으니
만지산 전산옥이야 술상 차려 놓게
오늘 갈지 내일 갈지 뜬구름만 흘러도
팔당주막 들병장수야 술판 벌여 놓아라

또 술집에서는 떼꾼들과 여자들이 어울려 한바탕 아라리를 불렀는
대, 이때 부르던 아라리는 맺힌 응어리를 시원하게 풀어 놓게 하였다.

정선 떼꾼이 오고가던 곳에 심어진 아라리는 듣는 이의 가슴을 울리
는 청승맞음으로 인해 입에서 입으로 곳곳에 전해지게 되었고, 그곳의
가락과 문화적인 특징이 더해지고 용해되면서 또 다른 아리랑을 싹틔
워 놓았다. 동강 물길은 물론 한강 유역의 충주, 여주 등지에 아라리
가락이 널리 분포되어 있고, 아라리와 유사한 소리가 많다는 사실은 떼
꾼들이 알게 모르게 소리의 전파자였음을 증명해 준다.

'떼강아지'라는 온갖 놀림에도 불구하고 스스로를 가리켜 '강통(江
通, 江統)'이라고 평가 절상시켜 온 이들은 한국전쟁 이후 트럭이 운목
의 역할을 대신하면서 서서히 일을 놓게 되었다. 특히 1960년대 들어
태백선 열차가 개통되면서 운목은 거의 기차가 맡게 되었다. 간헐적으
로 1970년 초까지 계속되던 뗏목은 도로가 개통되면서 사라지고 떼꾼
들과 술집 여자들 또한 뿔뿔이 흩어져 갔다.

동강의 산들

일찍이 조선 중기의 인문지리학자 이중환(李重煥)은 『택리지(擇里志)』에서 "무릇 나흘 동안 길을 걸었는데도 하늘과 해를 볼 수 없었다"고 정선 땅을 그리고 있다. 정선 땅과 어우러진 하늘이 이러한데 역사 속에 가려진 동강의 하늘은 말할 나위 없다.

동강을 이야기할 때 자주 입에 담는 말이 '산 첩첩 하늘 한 뼘'이다. 아우라지에서 조양강으로 흐르는 물줄기가 첩첩산중으로 접어드는 광하리에서부터 하늘은 가득한 봉우리에 걸린 듯하다. 산을 넘는 거라곤 하늘 품을 벗어난 구름뿐이다. 깎아지른 절벽 밑 잔잔한 소에는 하늘이 고인다.

동강에는 쪽빛 하늘을 간직한 산들이 많다. 귤암리와 가수리를 지나 운치리에 접어들면 강과 어우러진 산은 드높은 뼝대의 위용을 자랑한다. 굽이돌아 흐르는 동강을 잘 관찰할 수 있는 동강의 산들은 이 지역이 널리 알려지면서 더불어 명소로 거듭나고 있다. 동강 주변의 산들 가운데 동강이 가진 독특한 경관을 잘 관찰할 수 있는 산은 달구봉, 백운산, 잣봉, 완택산을 들 수 있다.

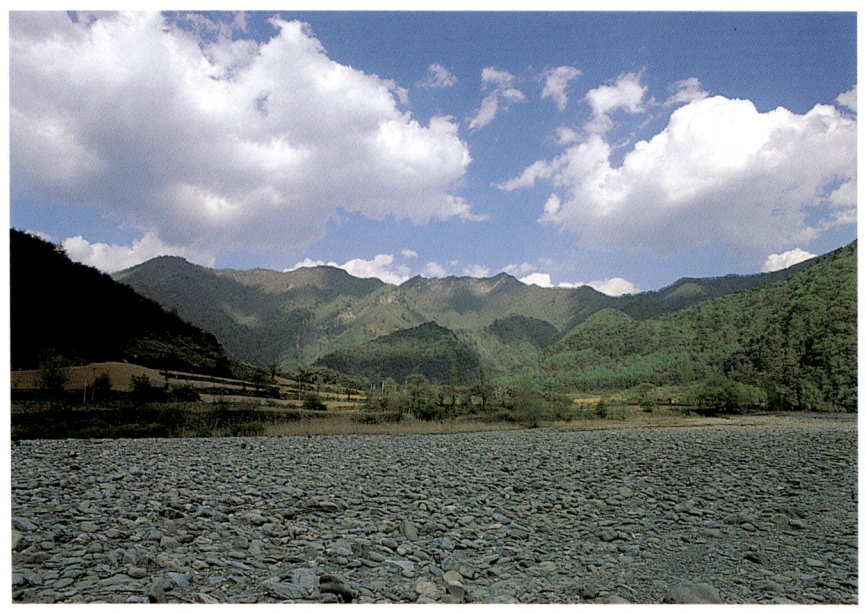

달구봉 동강 상류인 가수리 일대의 휘도는 물길을 한눈에 볼 수 있는 산이다.

달구봉

정선읍 가수리와 정선군 남면 낙동리의 경계에 있는 달구봉은 해발
1,028미터의 산이다. 1/50,000 지형도 등에는 이 산을 '계봉(鷄峰)'으
로 표기하고 있으나, 마을 사람들은 '달구봉'이라는 말을 고집하고 있
다. 이것은 산의 옛말인 '닥'과 '봉'을 합한 말을 닭으로 생각한 사람
들이 '닭봉'으로 보아 시간이 흐르면서 '달구봉'으로 부르게 되었기 때
문이다. 계봉은 일제가 행정구역을 개편하면서 달구봉을 한자로 차음
하는 과정에서 쓰기 시작한 이름으로 지금은 거의 쓰지 않는다.

달구봉은 동강 상류부인 가수리 수미마을에서 가탄을 거쳐 꺾어지면

서 휘도는 동강 물길을 한눈에 볼 수 있는 산으로, 가탄마을에서 북동쪽으로 난 능선 길을 따라 오르다 보면 있다. 약 1시간 정도 오르면 강물이 길게 굽이도는 모습을 내려다볼 수 있는 바위에 이르게 된다. 여기서 다시 1시간 반 정도 남쪽으로 능선을 타고 오르내리기를 반복하다 보면 헬기장을 지나 정상부에 이르게 된다. 이곳은 동강을 향해 수직 절벽 바위들이 켜켜이 들어서서 거대한 바위산을 이루고 있다.

정상에서 바라보면 북서쪽으로는 북대마을에서 흘러 가탄 앞에서 휘돌아 해매 쪽으로 치닫는 동강은 물론이려니와 북동쪽의 낙동리 깊은 골짜기 마을까지도 한눈에 들어온다. 서쪽으로는 옛날 가수리 사람들이 신동으로 넘어 다니던 트리재가 골 깊은 모습을 보여 주고 있다.

달구봉 정상에서 보는 세상은 너른 품을 지닌다. 동강 건너로는 백운산과 만지산이 우뚝 솟아 있고, 그 뒤로는 청옥산과 가리왕산에서부터 이름 모를 봉우리까지 키를 재고 있다. 남쪽으로는 곰봉이 우직한 모습으로 서 있고, 그 뒤로는 멀리 두리봉이 실루엣을 연출하고 있다.

하산을 할 때는 남쪽으로 내려와 곰봉쪽 능선을 타면 정선읍과 신동읍의 경계 지점으로 내려오게 된다. 멀리서 보아도 산의 품새가 장중한 달구봉은 동강 상류를 가장 잘 관찰할 수 있는 산으로 손색이 없다.

백운산

정선군 신동읍과 평창군 미탄면의 경계에 있는 백운산은 해발 882.5미터의 산으로 그리 높지는 않다. 그러나 동강이 널리 알려지면서 가장 유명세를 탄 산을 꼽으라면 누구나 백운산을 꼽는 데 주저하지 않을 것이다.

백운산은 흰구름이 항상 능선에 자욱하다고 해서 붙여진 이름이라고

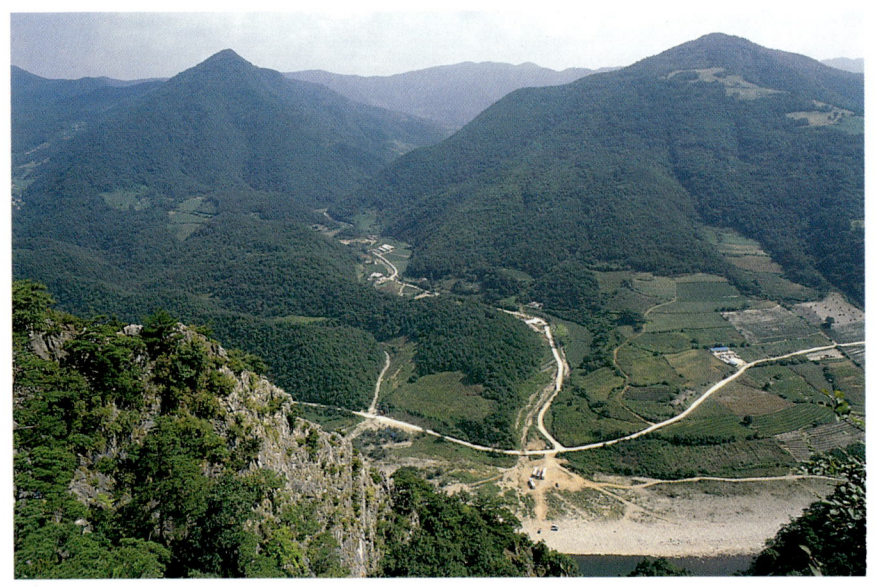

백운산에서 본 운치리 백운산 정상부에서 보면 운치리의 깊은 속살까지 볼 수 있다.

하나 흰 백(白) 자가 들어간 산이 그러하듯 산세가 워낙 험해서 생긴 이름이라고 할 수 있다. 이를 증명하듯 1968년 울진, 삼척으로 침입해 북상하던 무장간첩과 교전을 벌이던 예비군이 희생된 곳이기도 하다.

백운산에 올라가기 위해서는 동강을 건너야 한다. 운치리 점재마을에서 줄배를 타고 건너가 마을을 지난 뒤 서쪽으로 접어들어 숲으로 난 길을 따라 오르다 보면, 산사면을 대각선으로 가로지른 경사가 45도 되는 길이 능선을 향해 나 있다. 능선에 올라 다시 백운산 정상 쪽으로 오르는 길은 가파른 능선의 연속이다. 등산로라고 해야 벼랑 끝에 아슬아슬하게 걸린 길이 전부다. 발을 헛딛기라도 하면 까마득한 절벽 아래로 떨어진다. 실족사한 산악인을 추모하는 비는 이곳이 얼마나 위험한 곳인가를 등산객들에게 일깨워 준다.

점재마을을 출발해 정상까지는 약 2시간, 아찔한 위험에도 불구하고 백운산이 주는 매력은 뱀처럼 여러 번 굽이돌아 흘러가는 동강의 절경을 속속들이 감상할 수 있다는 점이다. 정상에 거의 이르면 남쪽으로는 나리소를 힘겹게 돌아서는 물길과 덕천리 소골마을이 잡힐 듯하고, 동쪽으로는 운치리 깊숙한 산골 마을까지 한눈에 들어온다. 비행기를 타지 않고 동강의 면모를 살피기에 더없이 좋은 산이다.

하산할 때는 시간이 많이 걸린다는 단점이 있으나 남서쪽으로 크고 작은 5개의 봉우리로 이어진 칠족령을 타는 것이 좋다. 이 구간 역시 등산로가 벼랑 끝으로 이어진 곳이 많아 각별히 조심해야 하지만, 덕천리 소골마을과 고성리 일대를 한눈에 조망할 수 있다.

마지막 고개에서 마하리 문희마을로 가는 길이 오른쪽으로 나 있고, 고개를 넘어 왼쪽으로 내려가면 덕천리 제장마을에 이르게 된다.

점재마을에서 백운산 정상과 칠족령을 거쳐 제장마을까지는 약 6시간이 걸리지만, 땀 흘린 만큼 동강 물길의 시원함과 더할 나위 없는 아름다움을 경험할 수 있는 곳이어서 명산으로 각광받고 있다.

잣봉

거운리에 있는 잣봉은 해발 537미터의 산으로 어라연을 한눈에 내려다볼 수 있다. 잣봉에 오르기 위해서는 섭새에서 거운교를 건너 장화동 쪽으로 향하다가 오른쪽으로 꺾어져 예전에 어라연으로 다니던 고갯길로 접어들어야 한다. 20여 분 정도 고갯길을 오르면 섭새마을이 강 건너편 아래로 펼쳐져 있고 여기서 다시 황톳길을 따라가다가 어라연으로 가는 길을 알리는 이정표가 있는 곳에서 왼쪽 길로 접어든다. 20여 분 가까이 올라가면 아래로 마을이 내려다보이고, 마을을 배경으로 잣봉이 서 있다. 한적하다 못해 적막감이 감도는 마차마을에서 오른쪽 길로 접어들어 산사면에 도착한 뒤 북쪽으로 향한 능선을 타고 20여 분정도 올라가면 동강이 눈에 들어오기 시작한다.

만지고개라고도 하는 이 능선은 옛날 마차 사람들이 만지로 넘어 다니던 고개다. 만지고개에서 10분 정도 다시 북쪽으로 올라가면 오른쪽 아래로 어라연이 그림처럼 펼쳐진다. 두 번째 전망대는 어라연의 진경이 산수화처럼 다가오는 곳이다. 이곳에서는 푸른 물길에 싸여 고요하면서도 당당함을 잃지 않는 상선암, 중선암, 하선암의 모습을 확인할수 있다.

잣봉 정상에서 보면 남쪽으로는 만지나루를 지나 도도히 흐르는 강물이 보이고, 완택산이 희미한 구름 속에서 고개를 내민다. 사방을 둘러보아도 잣봉을 향해 일제히 선 산은 하늘을 가릴 듯한 모습이다. 잣봉은 그리 크지는 않지만 어라연 전망대라는 이름값을 톡톡히 하는 산이다.

완택산

영월읍 삼옥리와 연하리에 있는 완택산은 해발 916미터로 영월에서는 제법 높은 산에 속한다. 동강쪽을 향한 산세는 비교적 완만하지만, 연하리쪽을 향한 산세는 급경사와 절벽으로 쉽게 접근을 허용하지 않을 듯한 모습이다. 이렇듯 산세가 가파른 완택산은 역사적으로 보아도 천혜의 요새였다. 정상 부근에는 고려시대에 쌓았다는 성곽의 흔적이 곳곳에 남아 있어 역사의 산 교육장이기도 하다.

완택산을 오르기 위해서는 연하리에서 길운재로 오르는 방법이 있으나, 삼옥리 목골이나 작골을 통해 오르는 것이 동강을 살피기에 알맞

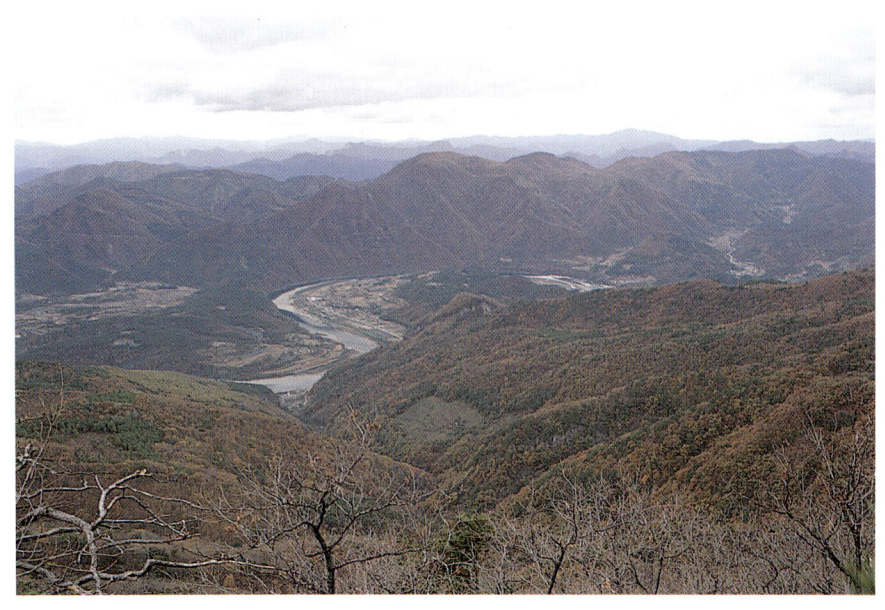

완택산 완택산의 주능선에서 북서쪽으로 내려와 전망바위에서 바라본 삼옥리와 동강.

다. 목골에서 동쪽으로 난 길을 따라 30분 정도 오르다 보면 울울이 들어선 박달나무 사이로 언뜻 동강이 보인다. 박달나무가 군락을 이룬 숲길을 따라 20여 분 정도 더 오르면 회색 역암층이 풍화작용으로 기암괴석을 이룬 859미터 능선에 이르게 된다. 여기서 다시 남쪽으로 능선을 타고 향하면 거운리와 삼옥리 일대를 흐르는 동강 줄기가 한눈에 들어온다.

능선에서와는 달리 정상에서는 동강이 보이지 않는다. 그러나 정상에서 서쪽 능선을 타고 조금만 내려오면 돌로 쌓은 성의 흔적이 곳곳에 남아 있다. 옛 문헌에 등장하는 것과는 달리 너무 초라하게 방치된 모습이어서 안타까움이 절로 인다. 역사의 소리에 귀기울이다 여기서 다시 10여 분 거리에 있는 바위에 이르면 북서쪽으로 굽이도는 동강이 내려다보인다.

　하산을 할 때는 정상에서 남서쪽으로 내려와 완택산 기도원 쪽으로 내려오면 된다.

　완택산은 동강의 하류부를 굽어볼 수 있는 산으로 손색이 없다. 더욱이 성을 쌓고 땅을 지키던 고려인들의 어기찬 모습을 굽어볼 수 있는 역사의 터전이기에 더 돋보인다.

동강 찾아가는 길

제1코스 : 동강 최고의 비경과 댐 건설 예정지(영월 삼옥리~섭새~어라연)

동강의 비경인 어라연과 댐 건설 예정지가 있는 동강 하류를 가려면 고풍 완연한 영월역을 지나 태백 방향의 38번 국도를 타야 한다. 영월역 앞에서 5백여 미터쯤 가다 보면 어라연을 알리는 노란 입간판이 한눈에 들어오고 기형적인 사거리가 나온다. 신호등도 없고 다른 차의 진행이 한눈에 들어오지 않아 무척 조심을 해야 한다. 곧바로 직진을 하면 정선군 신동읍이 나오고, U턴에 가까운 왼쪽은 영월 읍내로 되돌아가는 강변도로 방향이다. 여기서 열시 방향으로 반좌회전 해 다리로 접어드는 길을 타야 한다. 다리를 지나 언덕을 넘어서면 하늘과 산에 몸담은 동강 물줄기가 시원스레 들어온다. 굽이굽이 산중 협곡을 타고 흘러온 구절장강 동강의 모습을 확인하는 순간 차분한 감흥이 뭉클 다가온다.

도도히 흐르는 강물과 강 건너편에 차분히 드리워진 마을에 눈을 떼지 못하고 가다 보면 강 한가운데에 둥그스름한 바위가 솟아 있는 것을 볼 수 있다. 둥글바위 또는 자연암(紫煙岩)이라고 부르는 이 바위는 본

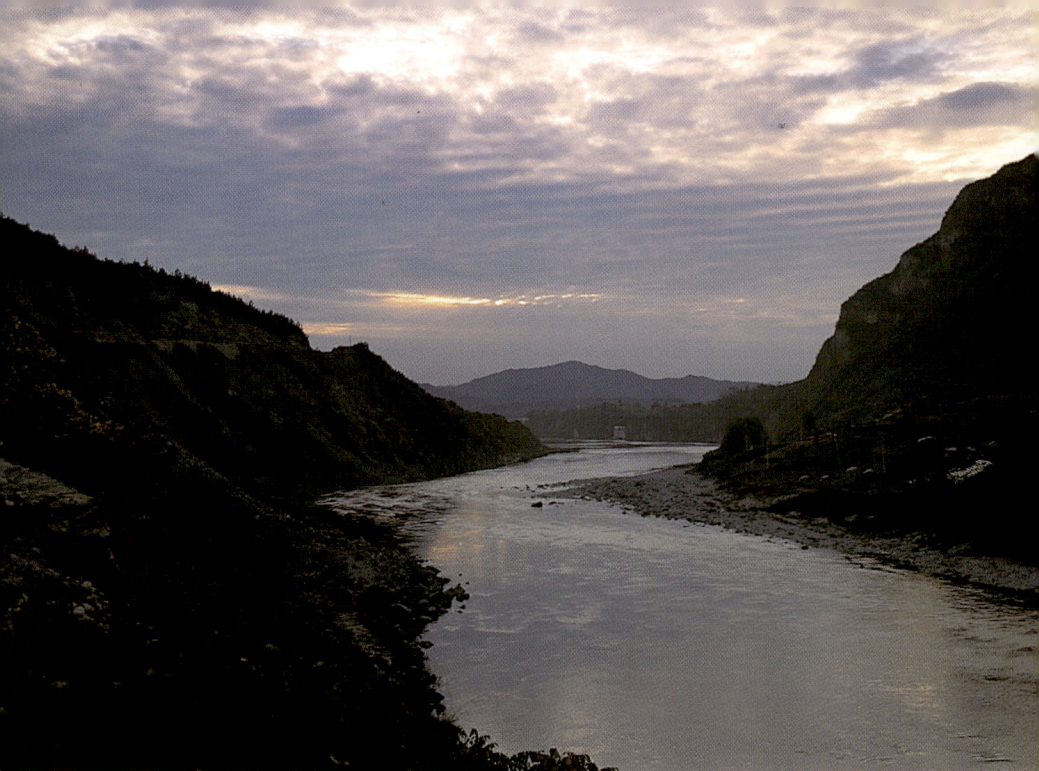

동강의 노을 영월 읍내에서 접어들어 만난 동강 하류의 저녁 노을.

래 강 옆 산자락과 바위 위쪽이 연결되어 뎅그라니 물이 빠져나가는 문과 같았다고 한다. 그러나 일제강점기에 뗏목이 걸리고 파손되는 일이 잦자 깨어버려 이제는 강 한가운데 섬과 같이 떠 있는 모습이 되고 말았다.

물굽이를 막아선 바위 하나에 풍요로워진 마을은 어느새 둥글바위라는 이름으로 변했고, 강 옆 자갈밭이 마을 관리휴양지로 조성되어 여름이면 피서객들로 발 디딜 틈이 없게 되었다.

둥글바위를 뒤로 하고 범재라는 마을을 지나면서부터는 동강 물길이 시야에서 사라진다. 마을 한가운데 있는 길옆으로 외롭게 선 소나무를 지나 언덕배기에 이르면 그 아래로 흐르는 물줄기와 다시 만난다. 다리 건너편엔 마을이 나직하다. 벌써 10여 년 전부터 온천 개발로 들썩이던 마을이다.

강 옆으로 바짝 달라붙어 이어지는 길을 따라 작골마을을 지나면 목골이라는 마을에 이른다. 물이 휘도는 곳에는 기암절벽과 함께 소가 생겨나고, 물길 옆으로는 모래와 자갈이 퇴적되었다. 목골마을 관리휴양지 건너편엔 삼옥굴이라는 명소가 있어 야영지로도 손꼽힌다. 여름이면 마치 냉장고 안에 있는 듯한 느낌이 드는 곳으로 마을 사람들은 천연기념물인 수달 한 쌍이 사는 곳이라고 한다.

목골에서 거운리 섶새로 가는 길옆 밭은 온통 모래흙이다. 아득한 옛날부터 쌓이고 쌓인 모래가 산을 이루었다. 오죽하면 본래 마을 이름조차 섶사였을까.

거운교에 이르면 강폭이 넓어져 앞이 탁 트인 강과 마주친다. 다리

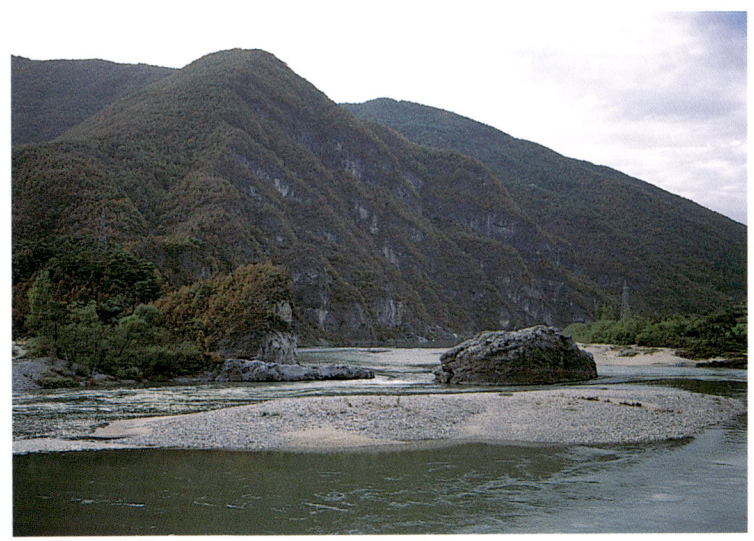

둥글바위 물굽이를 막아선 바위로 자연암이라고 했다.

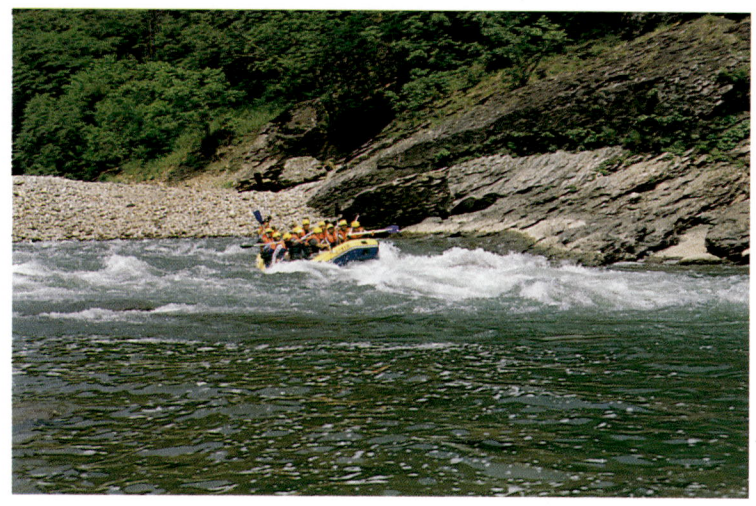

래프팅 된꼬까리에서 여울의 거센 물살을 타고 내려오는 래프팅은 동강의 대표적인 레포
츠로 각광을 받고 있다.

입구에서 오른쪽으로 난 길을 따라 들어서면 자갈밭과 잔디밭이 어우
러진 섭새강변에 이른다.

섭새는 동강 상류에서 출발한 래프팅 고무 보트의 기착지이고, 어라
연에 이르는 길이 이곳에서부터 시작된다.

거운리에서 어라연에 이르는 길만큼은 편안한 마음으로 걸어보라고
권하고 싶다. 섭새마을 앞 제방을 따라 올라가면 선착장이 있는데, 이
곳에서 강 건너까지 가는 나룻배와 만지까지 가는 보트를 탈 수 있다.
나룻배를 타고 강을 건너면 계절마다 들꽃이 피어나는 호젓한 흙길이
이어진다. 여기서 조금만 걷다가 보면 강 건너편 칠부능선쯤에 붉은 깃
발이 눈에 들어온다. 바로 논란이 일고 있는 영월댐 건설 예정 지역 표
시다. 이곳의 지명은 '만지'로 찰 만(滿) 자와 못 지(池) 자에서 유래
되었다. 언젠가는 댐이 들어서서 물이 가득 찰 땅임을 예언하는 지명이

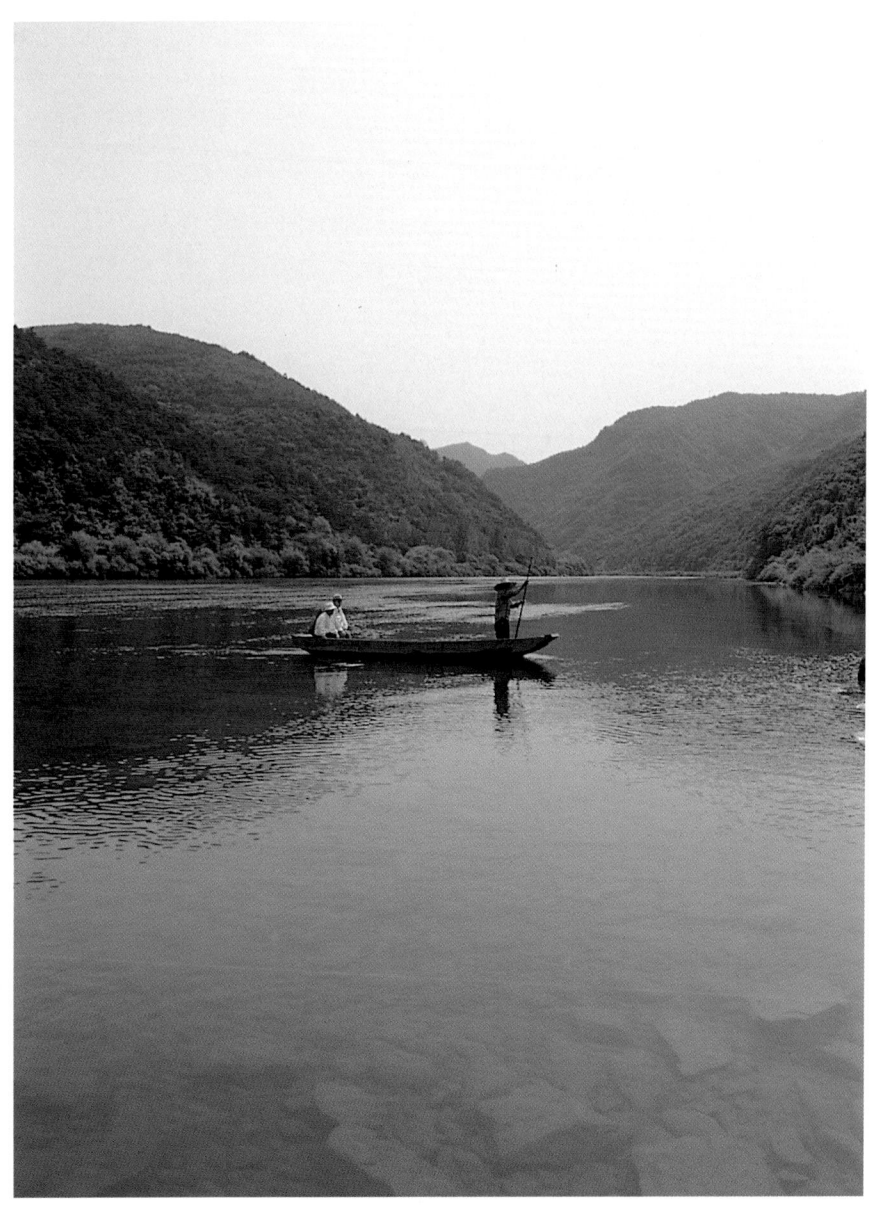

나룻배 섭새에서 만지를 오가는 사람들을 실어나르는 나룻배.

라고도 하지만, 물이 고여 뗏목을 대기에 좋아 생긴 이름이다.

댐 예정지를 지나 2백여 미터 더 가면 산비탈에 겨우 붙어선 듯한 만지마을이 나온다.

만지마을을 거쳐 만지나루에 당도하자 줄배 한 척이 덩그러니 바람에 흔들린다. 왼쪽 산자락 아래가 바로 전산옥이 꾸리던 술집이 있던 자리다. 만지나루는 골안에서 가장 혹독한 여울인 된꼬까리 아래에 있는 나루로 된꼬까리에서 호되게 부딪혀 산산조각 난 뗏목을 며칠씩 묵으며 고쳐 매던 곳이다. 그러나 화려했던 지난날도 뗏목이 사라지면서 옛날 이야기가 되었고, 술집 주인 전산옥은 강을 뒤로한 채 쓸쓸히 생을 마감했다.

만지나루를 지나 어라연까지 약 7백 미터는 거친 돌밭길이다. 1백여 미터도 채 가지 않았는데 폭포와 같은 된꼬까리의 물소리가 귓전을 세차게 울린다. 정선에서 내려오던 뗏목이 숱하게 부서졌던 곳, 내로라하던 떼꾼들이 불귀(不歸)의 객(客)이 되었던 곳, 저 물소리가 어우러진 여울은 어느새 래프팅의 명소가 되어 시절을 달리하고 있다.

어라연이 가까워지면서 물 색깔은 깊이를 더해간다. 줄배를 타고 건너 바위에 오르면 선계(仙界)에 빠져든 느낌이다. 어라연은 물 한가운데에 세 개의 큰 바위가 떠있다. 이름하여 상선암, 중선암, 하선암이다. 바위 위에서 내려다보는 물 속은 인간 세상이 아니다. 물 위로 비치는 햇살도 저마다 다른 각도로 반사되어 계곡을 수놓고 있다.

불과 몇 년 전까지만 해도 물 반 고기 반의 어라연은 물고기가 춤을 추는 곳이라고 해 열목어, 어름치, 황쏘가리의 집단 서식지였고 근처에는 솥뚜껑만한 자라가 몰려다녔는데 고요하고 한적했던 옛 모습은 점점 사라지고 있다.

제2코스 : 호젓함을 간직한 나루터 마을(영월읍 문산리~두꺼비바위 ~진탄나루)

어라연에서 물길을 따라 2킬로미터 남짓 올라가면 문산리가 있지만, 험한 산 능선을 타지 않고는 이곳을 가는 것은 거의 불가능하다. 그래서 나루터 마을인 문산리에 가려면 언제나 섭새에서 거운교를 지나 거운분교 앞으로 난 길을 따라 꼬불꼬불 절운재를 넘어 다녀야 했다. 절운재를 넘어가는 데는 걸어가는 것보다는 차를 이용하는 것이 더 낫다. 재를 넘어서기 전까지의 풍광이 썩 다가오지 않기 때문이다. 다행히 이곳에는 영월 읍내에서 하루 여섯 차례 거운리를 거쳐 시내버스가 오간다. 거운리에서 문산까지는 약 20여 분 정도가 걸린다. 산꼭대기에서 길을 휘돌아 내려오다 보면 서서히 마을이 눈에 들어오기 시작한다.

문산리에서 처음 마주치는 마을이 무내리다. 마을을 가로질러 난 길을 따라 내려가면 문산나루터와 강 건너 그무마을로 오가는 줄배가 보인다. 푸근한 인상으로 뱃일을 보는 사공 할아버지의 느릿느릿한 말투가 느지막이 흐르는 강

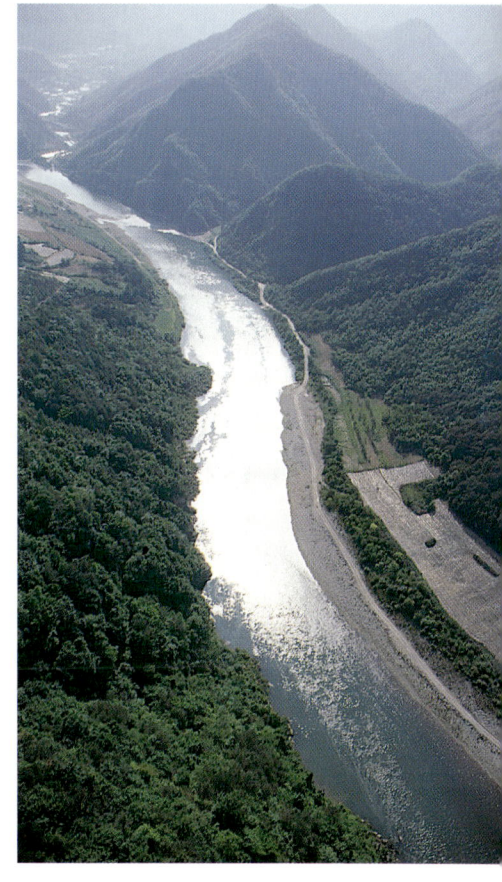

문산리 일대 사진:녹색연합 서재철 부장

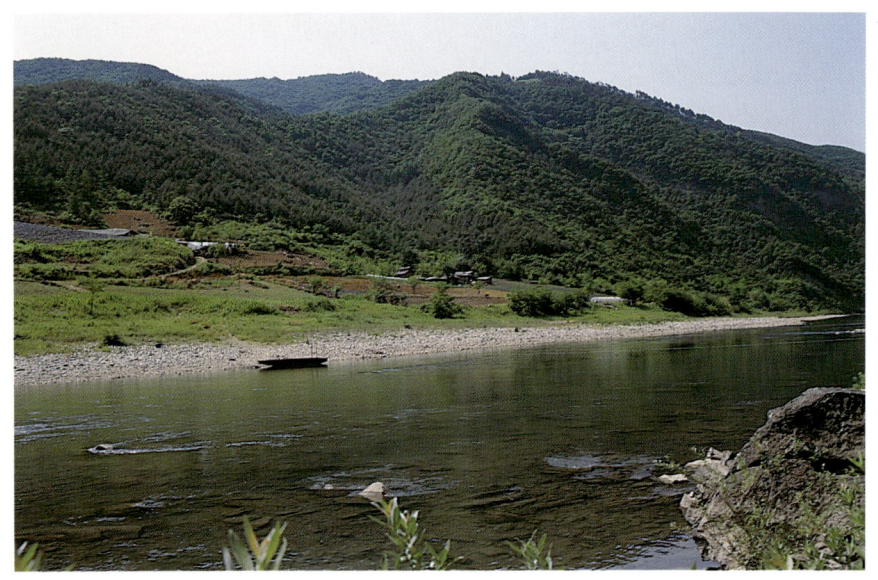

진탄나루 진탄마을을 배경으로 서 있는 나룻배는 한가한 동강의 서정을 느끼게 한다.

물과 무척 닮았다.

그무마을에서 강변 몽돌밭 길을 따라 남쪽으로 내려가면 집채만한 커다란 바위가 길을 막아선다. 동강 곳곳에 사람이나 동물의 이름을 가진 바위가 많지만, 두꺼비바위만큼 이름에 걸맞는 바위는 없다. 강 건너로 펼쳐진 거무스레한 절벽은 흐르는 물소리며, 바람소리 등 온갖 소리를 끌어안은 듯하다.

문산리에서 진탄나루로 가는 길은 예사롭지가 않다. 무내리 문산나루에서 왼쪽에 있는 가파른 '독진이 베리'를 넘어야 한다. 옛날 이 고개를 넘던 옹기장수 한 사람이 지게에 지고 가던 독을 떨어뜨려 깼다고 해서 생겨난 이름이다. 고개를 들어서면 옹기장수의 마음을 이해하게 된다.

절벽에는 차 한 대가 가까스로 지나갈 만큼 길이 나 있고, 오른쪽 절벽 아래를 내려다보면 아찔하다. 운전 경력이 풍부한 사람이라도 혹 마주 오는 차라도 만나면 한 번쯤 당황하기 마련이다. 어디론가 쉽사리 비키지도 못하고 진땀을 흘려야 한다. 절벽 옆으로 붙은 고갯길에 오르면 강을 안고 흐르는 문산리 그무마을과 마하리 쪽에서 흐르는 강줄기를 관망할 수 있다. 굽이도는 상류의 강줄기와는 달리 너른 모습의 동강을 내려다볼 수 있다. 마치 공중에 나는 한 마리 새가 된 듯 시원함이 사무친다. 고갯길을 넘어 내려오면 왼쪽으로는 너른 골짜기가 나 있다. 골짜기로 난 길을 따라 10여 분쯤 산길을 오르면 운중암이 나타난다. 예불을 하기조차 작은 암자지만, 비가 내린 뒤 암자를 병풍처럼 감싼 절벽으로 쏟아지는 폭포가 이루 형용할 수 없을 만큼 멋진 곳이다.

운중암으로 갈라진 길에서 강변으로 난 길을 따라 10여 분 정도 가면, 강 건너편으로는 진탄마을이 한눈에 들어오고, 마하리에서 들어오는 길과 마주한다.

제3코스 : 동강의 푸르른 속살(평창군 미탄면 마하리~문희마을~절매마을)

동강의 진경을 보기 위해 사람들은 저마다 길을 택하지만 가장 내밀한 동강의 속살을 엿볼 수 있는 곳은 평창군 미탄면에서 강으로 접어드는 길이다. 수줍음 가득한 새색시의 매무새를 닮은 동강의 모습은 비록 화려하거나 장엄하지는 않지만 언제나 소박한 물빛이 머문다.

평창읍에서 42번 국도를 타고 20여 분쯤 달리면 미탄면에 이른다. 여기서 다시 정선 방면으로 5분 정도 가다가 동강을 알리는 표지판이 나오면 우회전 한다. 입새부터 약간 스산한 느낌이 든다. 한탄리를 지나고 기화리를 지나면서 옆으로 나란히 흐르는 기화천 냇물은 진초록에 가깝다. 우리나라에서 처음으로 무지개송어가 인공 방류된 곳이다.

지금도 마을 곳곳에 있는 송어 양식장에는 팔뚝만한 송어가 물질을 하고 양식장을 벗어난 치어는 기화천에 한결 자유로이 몸을 맡기고 있다.

기화천을 끼고 마하본동까지 내려가다 보면 우뚝 선 홀바우 아래에서 포장길은 끊긴다. 여기서 자갈길을 따라 5백여 미터쯤 가다 보면 동강에 몸을 섞는 기화천과 강 건너 진탄을 오가는 배가 건너편에서 한가로이 햇살을 받고 있는 것을 볼 수 있다.

기화천이 강물과 만나는 곳 못 미쳐 상류쪽 산자락 아래로 거친 길이 나 있다. 마하리의 대표적인 황새여울과 문희마을로 가는 길이다. 몇 년 전까지만 해도 강 옆으로 난 오솔길을 걸어다녀야 했다. 자동차가 드나들지 못하다보니 큼직한 생필품은 모두 지게로 져 날라야 했다. 그만큼 고된 길이어서 마을 사람들은 벌금까지 물면서 길을 냈다.

진탄나루에서 문희마을까지는 자동차로 대략 15분 정도 걸린다. 뾰족한 칼돌이 널린 돌밭길이라 4륜 구동차도 힘겨운 듯 요동을 친다. 걸어서는 약 1시간 정도가 걸린다. 강변을 조용히 걸어가면서 강 옆으로 자생하는 회양목 군락에 한 번쯤 눈길을 주고 비경에 취해 보는 것도 좋다.

문희마을에 거의 이르자 황새여울이 정적을 깬다. 여울살 바위 위에 황새가 앉아 놀았다는 곳, 그러나 그 아름다운 이름과는 달리 정선에서 내려오는 뗏목이 숱하게 파손되고 떼꾼들 또한 목숨을 잃은 곳이다. 어라연 아래의 된꼬까리와 함께 가장 위험한 물길이었다. 예나 지금이나 그대로인 황새여울은 아직도 위험하기는 마찬가지다. 물길을 타고 내려오던 래프팅 고무배도 황새여울에서는 앞뒤를 못 가리고 비틀댄다.

문희마을에서 차량은 더 들어가지 못한다. 백룡동굴 입구를 볼 수 있는 절매마을에 가기 위해서는 마을 앞을 흐르는 무당소의 고요한 물길을 지나 나룻배를 이용해야 한다. 문희마을에선 간혹 등산을 즐기는 사람들이 남쪽의 칠족령을 타고 덕천리 제장이나 백운산으로 넘어간다.

칠족령에 오르면 겹겹으로 굽이도는 동강의 아름다운 모습을 만날 수 있어 좋다.

제4코스 : 역사 속에 깃든 아름다움(정선 고성리~덕천리·운치리)

동강에 깊이 빠져든 사람들은 한결같이 고성리와 덕천리를 동강의 핵심으로 여기는 데 주저하지 않는다.

고성리를 가려면 영월에서 38번 국도를 타고 정선군 신동읍으로 간다. 영월에서 신동까지는 약 30분 거리로 '아리랑의 고장'이라고 손님을 반기는 큰 표석을 지나 신동읍에 들어서면 예미삼거리에 이르게 된다. 오른쪽으로 가면 함백 방면이고, 왼쪽으로 틀면 신동읍사무소로 들어가는 길이다. 이 길 옆으로 곧게 뻗은 길을 따라 1킬로미터쯤 가면 왼쪽으로 유문동으로 들어가는 좁은 길이 보인다. 여기서 경사가 완만한 시멘트 도로를 타고 5분 정도 가면 다시 두 갈래 길을 만난다. 왼쪽으로 난 길은 산꼭대기를 굽이돌아 넘어가는 길이고 직진 방향은 폭이 좁고 긴 터널을 빠져나가는 길이나 겨울을 제외하곤 폐쇄된다.

자동차도 힘에 겨운 길을 따라 고갯마루로 향하다 보면 또 다른 세계가 기다릴 듯한 설렘이 앞선다. 아니나다를까. 아래로 보이는 꼬부랑길은 사진으로 보던 동강의 물굽이와 거의 비슷하지 않은가. 왜 이곳에서부터 굽이굽이 에도는 동강의 모습을 각인시키려는 것일까.

포장 도로를 따라 10여 분쯤 가면 마을 한가운데 커다란 느티나무가 있는 창마을에 이른다. 여기서 고방마을 쪽으로 가다보면 왼쪽으로 예미초등학교 연포분교장이라고 쓰인 작은 표지판이 서 있다. 동강이 알려지기 전부터 널리 알려진 연포마을로 가는 길이다. 자르메마을과 덕내마을을 지나 20분 가까이 산을 휘감은 듯한 물렛재를 넘어가면 눈앞으로 아름다운 절벽이 펼쳐진다. '앞뼝창'이라고 부르는 이 절벽은 옛날 은가락지를 잃어버린 마고할미의 전설이 전해 내려오는 곳이다. 소

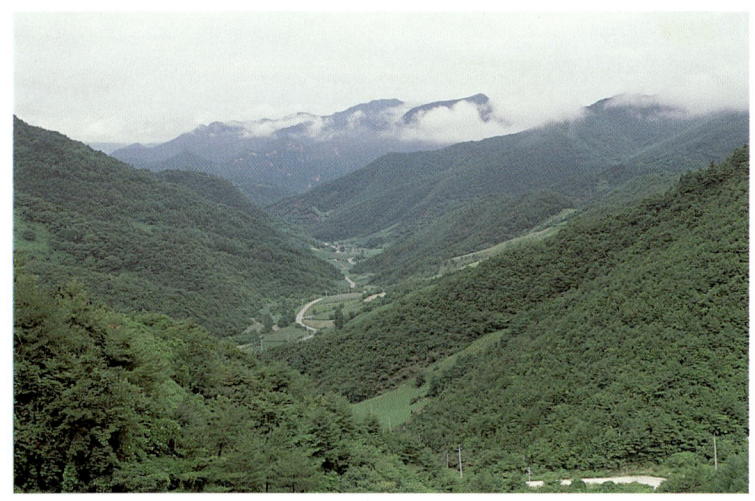

고성리 일대 유문동을 지나 구레기고개를 넘어 고갯마루에 올라 내려다 본 고성리 일대.

사나루에서 줄배를 타고 닿는 곳은 앞뺑창 아래로 여기서 조금만 걸어 내려가면 연포마을에 이른다. 연포분교는 폐교가 되었고, 마을 입구에는 떼꾼들을 상대로 객주를 꾸리던 이가 호호백발의 할머니가 되어 옛시절을 그리워한다. 마을 한 켠의 황토흙으로 지은 담배 건조막은 예나지금이나 변함없이 정갈하다.

연포마을에서 상류인 고성리는 지척이지만, 다시 물렛재를 넘어야 찾아갈 수 있다. 강 건너가 천릿길이라는 마을 노인들의 푸념이 낯설지만은 않다. 고방마을로 향하다가 고성분교가 시야에 들어오면 왼쪽으로 울창한 숲이 보이고 빛 바랜 정자 하나가 서 있다. 숲 옆으로 난 길이 고성리산성에 오르는 길이다. 걸어서 20여 분 거리에 있는 고성리 산성은 옛날 고구려가 남진을 하면서 쌓은 성으로 추정된다. 성안에서 굽이돌아 흘러들고 나가는 동강의 모습을 굽어보면 감탄사가 끊이지 않는다.

　고성리에서 마주 대하는 것들은 모두 옛 것이기에 먼저 옷깃을 고쳐 매게 된다. 산성에서 내려온 뒤 고성분교를 지나다보면 왼쪽 밭에 우뚝 선 고인돌을 만나게 된다. 그 옆으로도 고인돌이 반쯤 몸을 숨긴 채 드 러누워 있다.

　고성리와 덕천리가 은밀히 숨기고 있는 것은 바로 선사유적이다. 이 길은 아득한 옛날부터 이 골짜기를 들어와 살기 시작했던 사람들의 흔 적과 숨결을 찾아가는 길이다.

　고성분교 뒤에서 30여 미터쯤 가면 두 갈래 길이 나온다. 여기서 왼 쪽으로 난 시멘트 도로를 따라 다시 1킬로미터 정도를 가면 덕천리 소 골 강변에 선다. 순간 자신의 모습은 왜소해지고 눈앞에 펼쳐진 백운산 과 칠족령의 장엄한 산세에 휘감긴다. 소골마을에 들어서면 강물에 퇴 적된 모래흙 곳곳에 깨진 토기조각이 즐비하다. 동강 최대의 선사유적 지로 10여 년 전쯤 대학박물관 조사로 세상에 드러난 이래 깊은 잠에서 깨어났지만, 이곳에서 조사된 선사유적은 빙산의 일각일 뿐이다.

　소골뿐 아니라 운치리 납운돌 강변, 덕천리 제장 강변, 바새 강변으 로 이어지는 퇴적지는 모두 선사유적이 남아 있는 곳이다. 야외 선사유 적 박물관이니, 역사의 산 교육장이니 하는 말은 바로 이곳을 두고 하 는 말이다.

　덕천리에서 위로 눈을 들어보면 거대한 산이 안개에 묻혀 있다. 해발 882.5미터의 백운산은 보기에도 아찔한 단애들을 불러모아 자연의 오 케스트라를 연출하는 산이다. 온갖 희귀 동식물이 서식하고 석화가 수 줍게 피어나는 산이다. 백운산을 피해 가는 동강 물길은 수많은 비경을 창출했다. 백운산 아래로 휘도는 물굽이 가운데 덕천리 나리소는 정적 이 무겁게 깔린 비경으로 병풍처럼 가파른 벼랑 밑을 돌아 흐르는 강이 나리소를 지나면서부터 더더욱 굽이치기 시작해 제장과 연포에 이르러

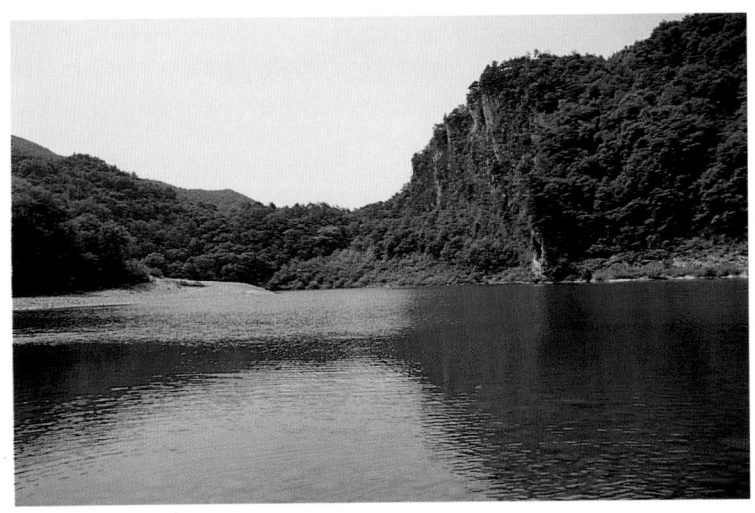

나리소의 정적 가파른 절벽 아래로 고요히 흐르는 나리소로 나리소의 정적은 오래전 이무기 전설을 낳기도 했다.

서는 절정에 이른다.

동강의 매력에 이끌린 사람들은 덕천리에서 백운산을 오르거나 강 옆으로 난 자갈밭 길을 따라 걷고 또 걷는다. 걷다가 자갈밭에 누워 늘어지게 낮잠을 한숨 자고 난 뒤로 들려오는 것은 잔잔한 여울소리와 물을 박차고 날아오르는 새소리뿐이다.

제5코스 : 고향의 그리움이 묻어나는 정취(정선 광하리~귤암리~가수리)

조양강 하류와 동강이 시작되는 곳은 고향의 그리움이 물씬 풍겨나는 곳으로 색다른 맛을 느낄 수 있다.

정선 읍내에서 평창군 미탄면으로 이어지는 42번 국도를 따라 10여 분쯤 가면 고개를 만난다. 소나무가 울울창창한 고개를 넘어 내려가다 보면 회동계곡으로 들어가는 길이 있고 10여 미터 지나 왼쪽으로 크게 한 굽이를 돌면 멀리 강을 가로지르는 광석교가 한눈에 들어온다.

이 다리에 이르기 전 삼거리에서 오른쪽 아래로 갈라져 나간 길을 따라가면 조양강 길이 계속 이어진다. 광석교 아래를 지나자 시멘트 포장 길은 좁아지기 시작했다. 오른쪽으로는 높은 산이 강물에 얼비쳐 젖어 들고 왼쪽으로는 차창으로 다 올려다보지 못할 만큼 수십 길 절벽이 금새 덮쳐올 듯 서 있다. 글자 그대로 여울 물길이 너른 광하리를 지나면 곧 귤암리 마을 표석이 기다린다. 강 건너에 유독 뾰족하게 솟아난 봉우리는 나팔봉(喇叭峰)으로 임진왜란 당시 향임좌수 전민준이 정선의

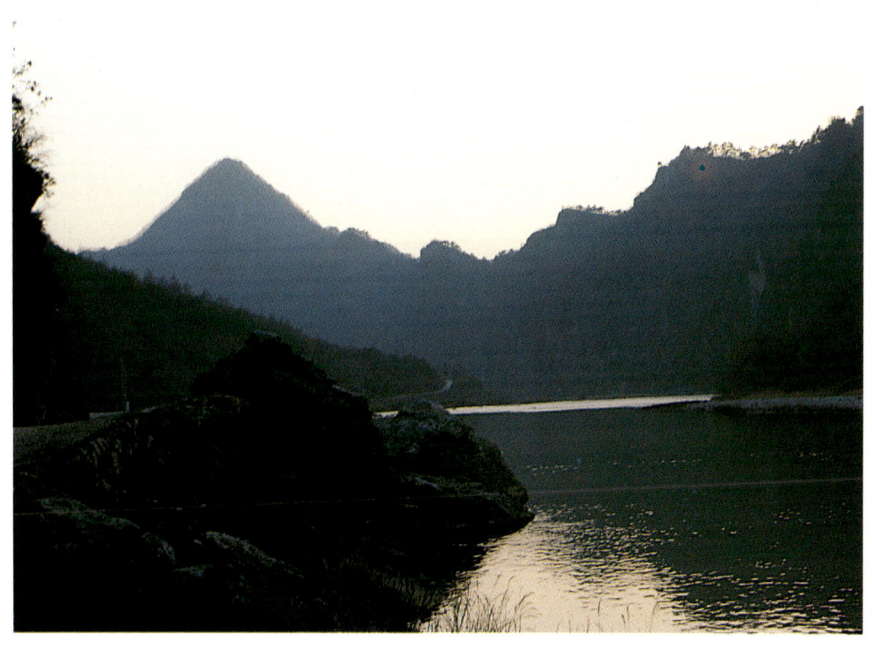

수리봉 귤암리에서 가장 눈에 띄게 솟아 있는 수리봉.

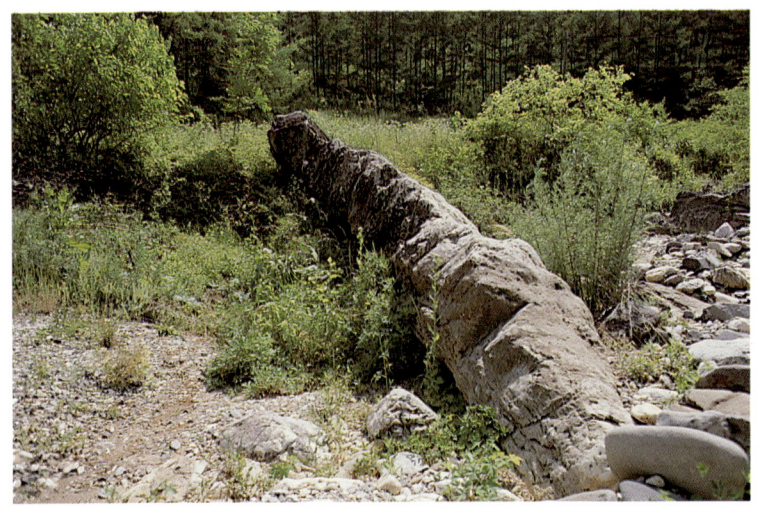

옷바우 옛날 무명과 명주로 옷을 해 입혔다는 전설이 깃든 바위이다.

관민을 피신시켰던 나팔동굴이 있는 산으로 수리봉이라 부르기도 한다. 높은 산이면 으레 붙는 산 이름 수리봉이 여기서도 예외는 아니다.

수리봉 아래를 흐르는 조양강의 강폭은 좁다. 폭이 좁은 만큼 강은 더 깊은 물길을 만들어 조용히 흐른다. 그러나 조용함은 오래가지 못한다. 깎아지른 듯한 절벽 아래의 가리탄 여울 물소리는 절벽을 울려 반사될 만큼 큰소리로 흐르고 있다. 옛날 이곳을 내려가던 뗏목이 여울 밑의 바위에 걸려 애를 먹던 곳이다.

귤하마을을 지나 500여 미터쯤 내려가자 강 건너로 폐교된 귤암분교가 눈에 띈다. 몇 년 전까지만 해도 나무다리를 놓아 정겨웠던 곳이다. 그러나 지금은 통관을 묻고 시멘트로 다리를 놓았다. 잠수교를 건너 비포장 길을 따라 골짜기로 1킬로미터 정도 오르면 개울가에 7미터쯤 되는 긴 바위가 있는 것을 볼 수 있다. 정선 땅에서 가장 유명한 전설 가운데 하나를 낳은 옷바위다. 옛날 이 바위가 서 있을 때 사람들이 이 바위에 무명과 명주로 옷을 해 입혔을 정도라고 한다. 넘어진 채 숱한 나날을 보낸 옷바위는 예전의 이름에 걸맞는 모습이 아니다. 단지 의암(衣岩)이라는 마을 이름만 남겨 놓았을 뿐이다.

의암에서 하귤하를 거쳐 가수리에 이르는 4킬로미터 남짓한 길에는 다시 가파른 절벽이 길옆에 늘어선다.

가수리에 이르면 조양강은 동남천과 만나 동강이 되어 흐른다. 동강 물줄기를 따라 곧장 내려가면 운치리가 이어진다.

정선읍 광하에서 귤암리를 거쳐 가수리로 이어지는 코스는 물길과 도로가 나란히 이어진다. 뽀얀 먼지가 날리는 비포장 도로가 반복되는데 시골길의 옛 정취를 가득 느낄 수 있다.

참고문헌

「大東輿地圖」
「青邱圖」
『新增東國輿地勝覽』

강대현 외, 『한강사』, 서울특별시, 1985.

강영복, 「석회암 지대와 댐 안전성」, 『강원광장』(1999. 5/6), 강원개발
　　　연구원.

강원도, 『조선왕조실록 강원도 사료집』, 1995.

김소구, 「동강댐의 안전과 지진문제」, 『동강댐 대토론회 자료집』, 환
　　　경운동연합, 1999.

백홍기 외, 『정선군의 역사와 문화유적』, 강릉대학교박물관, 1996.

영월군, 『영월군지』, 1992.

오정수 외, 『동강 유역 산림생태계 조사보고서』, 산림청 임업연구원,
　　　1999.

원종관 외, 『백룡동굴 학술조사보고서』, 평창군, 1989.

이상태, 『한국식물검색집』, 아카데미서적, 1997.

이형석 외, 『한강』, 대원사, 1990.

이형석, 『한국의 강』, 홍익재, 1997.

정선군, 『정선군지』, 1978.

───, 『정선의 향사』, 1993.

지현병, 「영월댐 수몰지구의 문화유적」, 『동강댐 대토론회 자료집』,
　　　환경운동연합, 1999.

진용선, 『정선 신동읍 지명유래』, 정선아리랑연구소, 1996.

───, 『강원도 산성기행』, 집문당, 1996.

진용선, 『정선아리랑 찾아가세』, 다움, 1997.

───, 『동강 아리랑』, 수문출판사, 1999.

차용걸 외, 『정선 고성리산성과 송계리산성 고분군』, 충북대 호서문
　　　　　화연구소, 1997.

최영희 외, 『영월군의 역사와 문화유적』, 한림대학교 박물관, 1995.

평창군, 『평창군지』, 1979.

평창문화원, 『미탄면지』, 1988.

평창문화원, 『조선환여승람』(국역본), 1998.

한창균 외, 『정선 덕천리 소골유적』, 단국대학교 중앙박물관, 1993.

현진오, 「동강의 희귀식물」, 『동강댐 대토론회 자료집』, 환경운동연
　　　　합, 1999.

빛깔있는 책들 301-38

동강

글	—진용선
사진	—진용선

발행인	—장세우
발행처	—주식회사 대원사

기획 · 편집	—김옥자, 박상미, 최명지, 김민정
미술	—위명자, 김지연
총무	—이훈, 이규헌, 정광진
영업	—김기태, 문제훈, 강미영, 이광복
이사	—이명훈

첫판 1쇄 —2000년 2월 10일 발행
첫판 2쇄 —2003년 12월 31일 발행

주식회사 대원사
우편번호/140-901
서울 용산구 후암동 358-17
전화번호/(02) 757-6717~9
팩시밀리/(02) 775-8043
등록번호/제 3-191호
http://www.daewonsa.co.kr

ⓦ 값 13,000원

Daewonsa Publishing Co., Ltd.
Printed in Korea(2000)

ISBN 89-369-0233-4 04980

빛깔있는 책들

건강 식품(분류번호 : 202)

즐거운 생활(분류번호 : 203)

건강 생활(분류번호 : 204)

한국의 자연(분류번호 : 301)

미술 일반(분류번호 : 401)

역사(분류번호 : 501)